WOMEN DE DIQIU

本书编写组◎编

我们的地球

揭开未解之谜的神秘面纱，探索扑朔迷离的科学疑云；让你身临其境，受益无穷。书中还有不少观察和实践的设计，读者可以亲自动手，提高自己的实践能力。对于广大读者学习、掌握科学知识也是不可多得的良师益友。

WPC
世界图书出版公司
广州·北京·上海·西安

图书在版编目（CIP）数据

我们的地球／《我们的地球》编写组编著．—广州：广东世界图书出版公司，2009.12 （2024.2 重印）

ISBN 978－7－5100－1443－7

Ⅰ．①我… Ⅱ．①我… Ⅲ．①地球－青少年读物 Ⅳ．①P183－49

中国版本图书馆 CIP 数据核字（2009）第 216986 号

书　　名	我们的地球 WOMEN DE DIQIU
编　　者	《我们的地球》编写组
责任编辑	刘国栋
装帧设计	三棵树设计工作组
出版发行	世界图书出版有限公司　世界图书出版广东有限公司
地　　址	广州市海珠区新港西路大江冲 25 号
邮　　编	510300
电　　话	020-84452179
网　　址	http://www.gdst.com.cn
邮　　箱	wpc_gdst@163.com
经　　销	新华书店
印　　刷	唐山富达印务有限公司
开　　本	787mm × 1092mm　1/16
印　　张	10
字　　数	120 千字
版　　次	2010 年 12 月第 1 版　2024 年 2 月第 12 次印刷
国际书号	ISBN　978-7-5100-1443-7
定　　价	48.00 元

前 言

PREFACE

在浩瀚无垠的宇宙中，分布着无数星系，太阳系只是其中毫不起眼的一个。地球作为太阳系八大行星之一，远在46亿年以前起源于原始太阳星云。地球内部存在由不同物质组成的圈层构造，即地壳、地幔和地核三层。在地壳以外，也有三个圈层，即大气圈、水圈和生物圈，统称为地球的外圈。这些内外圈层结合，即构成了整个地球。

地球自西向东自转，同时围绕太阳公转。自转与公转运动的结合产生了地球上的昼夜交替和四季变化。地球自转的速度是不均匀的。同时，由于日、月、行星的引力作用以及大气、海洋和地球内部物质的各种作用，使地球自转轴在空间和地球本体内的方向都要产生变化。地球自转产生的惯性离心力使得地球由两极向赤道逐渐膨胀，成为目前的略扁的旋转椭球体，极半径比赤道半径约短21千米，这和人们心目中的圆球的形象大不相同。

地球是目前人类所知宇宙中惟一存在生命的天体，因此也是地球上百万种生物（包括人类）惟一的家园。那么，地球上的生命究竟从何而来？自然发生说、神创论、无始无终论……人们就在不断地提出假说中摸索探究。经过多年的研究，科学家们基本同意了如下的观点，即生命首先通过化学进化产生，然后再以变异——选择的方式进化。而地球的物理特性，则阻挡了来自宇宙的有害射线，保护了地球上的生物，使得地球上的生命能周期性地持续生存繁衍下去。

地球会与外层空间的其他天体相互作用，包括太阳和月球。当前，地球绕太阳公转一周所需的时间是自转的366倍，从而在地球表面产生了周期为1恒星年的季节变化。地球惟一的天然卫星，诞生于45亿年前的月球，造成了地球上的潮汐现象，稳定了地轴的倾角，并且减慢了地球的自转。大约40亿年前，小行星的撞击极大地改变了地球的表面环境，也改变了地球上的生物结构，促成了恐龙等地球生物的灭绝。

地球的矿物和生物等资源维持了全球的人类生存和发展。但是，随着人口的不断增加和世界经济的快速发展，地球的负荷越来越重，经济社会发展与资源环境的矛盾日益突出。很多资源并不是取之不尽、用之不竭的，严峻的现实给人类敲响了警钟：人类只有"自救"才能遏止地球资源快速衰竭的脚步。今天，转变经济发展方式，节约资源能源，已越来越成为大家的共识和行动。

本书着重介绍了地球的起源、地球的结构、地质年代、地貌，以及地球的资源等内容，内容翔实，语言生动，图片也比较丰富，可以满足广大热爱地理知识的青少年朋友们的求知欲，是一本优秀的科普著作。

鉴于本书成书比较匆促，不足之处在所难免，恳请读者批评指正。

Contents

目　录

地貌概说

地球的资源

地球概说

DIQIU GAISHUO

地球是太阳系从内到外的第三颗行星，也是太阳系中直径、质量和密度最大的类地行星。它也经常被称作世界。英语的“Earth”（地球）一词来自于古英语及日耳曼语。据科学家判断，地球已有44亿~46亿岁，有一颗天然卫星月球围绕着地球以30天的周期旋转，而地球以近24小时的周期自转并且以一年的周期绕太阳公转。本章着重介绍了地球的起源、年龄、形状、大小，以及地热等内容。

地球的起源

地球起源问题是同太阳系的起源紧密相连的，因此探讨地球的起源问题，首先了解目前太阳系的三个主要特征是必要的。概括起来说，这三个主要特征是：

1. 太阳系中的八大行星，都按逆时针方向绕太阳公转。太阳本身也以同一方向自转，这个特征称为太阳系天体运动的同向性。

2. 上述行星绕太阳公转的轨道面，非常接近于同一平面，并且这个平面与太阳自转赤道面的夹角也不到6°，这个特征称为行星轨道运动的共面性。

3. 除水星和冥王星外，其他所有行星的绕日公转轨道都很接近于圆轨道，这个特征称为行星轨道运动的近圆性。

关于地球的起源问题，已有相当长的探讨历史了。在古代，人们就曾探讨了包括地球在内的天地万物的形成问题。在此期间，逐渐形成了关于天地万物起源的“创世说”。其中流传最广的要算是《圣经》中的创世说。在人类历史上，创世说曾在相当长的一段时期内占据了统治地位。

自1543年波兰天文学家哥白尼提出了日心说以后，天体演化的讨论突破了宗教神学的桎梏，开始了对地球和太阳系起源问题的真正科学探讨。1644年，笛卡儿在他的《哲学原理》一书中提出了第一个太阳系起源的学说。他认为太阳、行星和卫星是在宇宙物质运动中形成的大小不同的旋涡里形成的。一个世纪之后，布封于1745年在《一般和特殊的自然史》中提出第二个学说，认为：一个巨量的物体，假定是彗星，曾与太阳碰撞，使太阳的物质分裂为碎块而飞散到太空中，形成了地球和行星。事实上由于彗星的质量一般都很小，不可能从太阳上撞出足以形成地球和行星的大量物质的。在布封之后的200年间，人们又提出了许多学说，这些学说基本倾向于笛卡儿的“一元论”，即太阳和行星由同一原始气体云凝缩而成；也有“二元论”观点，即认为行星物质是从太阳中分离出来的。1755年，著名德国古典哲学创始人康德提出“星云假说”。1796年，法国著名数学和天文学家拉普拉斯在他的《宇宙体系论》一书中，独立地提出了另一种太阳系起源的星云假说。由于拉普拉斯和康德的学说在基本论点上是一致的，所以后人称两者的学说为“康德—拉普拉斯学说”。整个19世纪，这种学说在天文学中一直占有统治地位。

到20世纪初，由于康德—拉普拉斯学说不能对太阳系的越来越多的观测事实做出令人满意的解释，致使“二元论”学说再度流行起来。1900年，美国地质学家张伯伦提出了一种太阳系起源的学说，称为“星子学说”；同年，摩耳顿发展了这个学说，他认为曾经有一颗恒星运动到离太阳很近的距离，使太阳的正面和背面产生了巨大的潮汐，从而抛出大量物质，逐渐凝聚成了许多固体团块或质点，称为星子，进一步聚合成为行星和卫星。

现代的研究表明，由于宇宙中恒星之间相距甚远，相互碰撞的可能性极小，因此，摩耳顿的学说不能使人信服。由于所有灾变说的共同特点，就是把太阳系的起源问题归因于某种极其偶然的事件，因此缺少充分的科学依据。著名的中国天文学家戴文赛先生于1979年提出了一种新的太阳系起源学说，他认为整个太阳系是由同一原始星云形成的。这个星云的主要成分是气体及少量固体尘埃。原始星云一开始就有自转，并同时因自引力而收缩，形成星云盘，中间部分演化为太阳，边缘部分形成星云并进一步吸积演化为行星。

总的来说，关于太阳系的起源的学说已有40多种。上个世纪初期迅速流行起来的灾变说，是对康德—拉普拉斯星云说的挑战；上世纪中期兴起的新的星云说，是在康德—拉普拉斯学说基础上建立起来的更加完善的解释太阳系起源的学说。人们对地球和太阳系起源的认识也是在这种曲折的发展过程中得以深化的。

至此，我们可以对形成原始地球的物质和方式给出如下可能的结论：形成原始地球的物质主要是上述星云盘的原始物质，其组成主要是氢和氦，它们约占总质量的98%。此外，还有固体尘埃和太阳早期收缩演化阶段抛出的物质。在地球的形成过程中，由于物质的分化作用，不断有轻物质随氢和氦等挥发性物质分离出来，并被太阳抛出的物质带到太阳系的外部，因此，只有重物质或土物质凝聚起来逐渐形成了原始的地球，并演化为今天的地球。水星、金星和火星与地球一样，由于距离太阳较近，可能有类似的形成方式，它们保留了较多的重物质；而木星、土星等外行星，由于离太阳较远，至今还保留着较多的轻物质。关于形成原始地球的方式，尽管还存在很大的推测性，但大部分研究者的看法与戴文赛先生的结论一致，即在上述星云盘形成之后，由于引力的作用和引力的不稳定性，

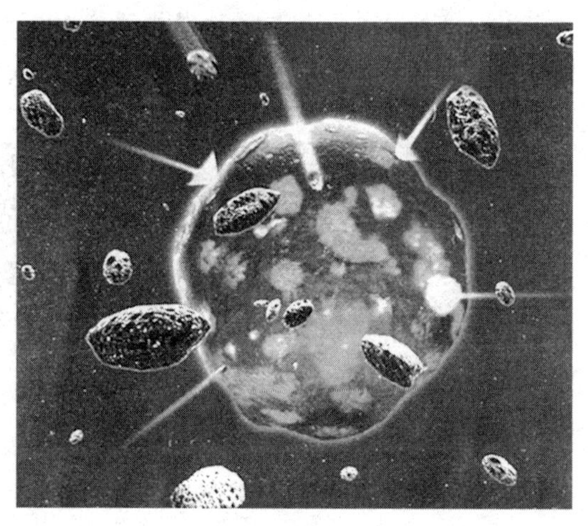

原始地球

星云盘内的物质，包括尘埃层，因碰撞吸积，形成许多原小行星或称为星子，又经过逐渐演化，聚成行星，地球亦就在其中诞生了。根据估计，地球的形成所需时间约为1000万年至1亿年；离太阳较近的行星（类地行星），形成时间较短；离太阳越远的行星，形成时间越长，甚至可达数亿年。

至于原始的地球到底是高温的还是低温的，科学家们也有不同的说法。从古老的地球起源学说出发，大多数人曾相信地球起初是一个熔融体，经过几十亿年的地质演化历程，至今地球仍保持着它的热量。现代研究的结果比较倾向地球低温起源的学说。地球的早期状态究竟是高温的还是低温的，目前还存在着争论。然而无论是高温起源说还是低温起源说，地球总体上经历了一个由热变冷的阶段，由于地球内部又含有热源，因此这种变冷过程是极其缓慢的，直到今天地球仍处于继续变冷的过程中。

大陆漂移说

地表的基本轮廓可以明显地分为两大部分，即大陆和大洋盆地。大陆是地球表面上的高地，大洋盆地是相对低洼的区域，它为巨量的海水所充填。大陆和大洋盆地共同构成了地球岩石圈的基本组成部分。因此，岩石圈的演化问题，也就是大陆和大洋盆地的构造演化问题。

地球的演化

绝大部分地球科学家都确认大陆漂移现象，并一致认为地球上海洋与陆地的结构分布和变化与大陆漂移运动直接相关。比较坚硬的地球岩石圈板块作为一个单元在其之下的地球软流圈上运动。由于岩石圈板块的相对运动，导致了大陆漂移，并形成了今天地球上的海洋和陆地的分布。地球岩石圈可分为大洋岩石圈和大陆岩石圈，总体上，前者的厚度是后者的一半，其中大洋岩石圈厚度很不均匀，最厚处可达80千米。

大部分大型的地球板块由大陆岩石圈和大洋岩石圈组成，但面积巨大的太平洋板块由单一的大洋岩石圈构成。地球上陆地面积约占整个地球面积的30%，其中约70%的陆地分布在北半球，并且位于近赤道和北半球中纬度地区，这很可能与地球自转引起的大陆岩块的离极运动有关。

在全球范围内，分布在大陆附近的大陆壳岛屿几乎全部位于大陆的东海岸一侧，个别一些大陆东部边缘，则被一连串的大陆壳岛屿构成的花彩状岛群所环绕，形成了显著的向东凸出的岛弧。这种全球大陆壳岛屿的分布特征，可以用岩石圈板块的普遍向西运动和边缘海底的扩张理论来加以解释。长期以来，人们就注意到地表上的某些大陆构造能够拼合在一起，这就好像是一个拼板玩具，特别是非洲的西海岸与南美洲的东海岸之间的吻合性最为明显。这种现象可以用大陆岩石圈的直接破裂和大陆岩块体的长期漂移得到解释。这就是我们后面将要介绍的关于杜托特提出的现今的大陆是由北半球的劳亚古陆和南极洲附近的冈瓦纳古陆的破裂后漂移形成的。

1966年，梅纳德等汇集了当时所有的有关海洋深度的探测资料，再度进行了世界海洋深度的统计，得到全球陆地在海平面以上的平均高度为0.875千米，大洋的平均深度为3.729千米。大陆和大洋之间存在为海水所淹没的数十千米宽的边缘地带，这个地带包括大陆架和大陆坡，两者共占地球表面积的10.9%。大陆地壳和大洋地壳的差异非常明显，大陆地壳的化学成分主要是花岗岩质，而大洋盆地下的岩石主要是由玄武岩或辉长岩构成。因此，整个地壳又可以分为大陆硅铝壳和大洋硅镁壳两大类型。

有关大陆的起源问题，地质和地球物理学家杜托特于1937年在他的《我们漂移的大陆》一书中提出了地球上曾存在两个原始大陆的模式。如果这个模式成立，那么这两个原始大陆分别被称为劳亚古陆（Lanrasia）和冈瓦纳古陆（Gondwanaland）；这实际上就像以前我国学者魏格纳等人所主张的那样，把全球大陆只拼合为一个古大陆。杜托特认为，两个原始大陆原来是在靠近地球两极处形成的，其中劳亚古陆在北，冈瓦纳古陆在南。在它们形成以后，便逐渐发生破裂，并漂移到今天大陆块体的位置。

早在19世纪末，地质学家休斯已认识到地球南半球各大陆的地质构造非常相似，并将其合并成一个古大陆进行研究，并称其为冈瓦纳古陆，这个名称源于印度东中部的一个标准地层区名称。冈瓦纳古陆包括现今的南美洲、非洲、马达加斯加岛、阿拉伯半岛、印度半岛、斯里兰卡岛、南极洲、澳大利亚和新西兰。它们均形成于相同的地质年代，岩层中都存在同种的植物化石，被称为冈瓦纳岩石。杜托特用以证明劳亚古陆和冈瓦纳古陆的存在和漂移的主要证据，是来自地质学、古生物学和古气候学方面。根据三十多年中积累起来的资料，有力地证明冈瓦纳古陆的理论基本上是正确的。

劳亚古陆是欧洲、亚洲和北美洲的结合体，这些陆块即使在现在还没有离散得很远。劳亚古陆有着很复杂的形成和演化历史，它主要由几个古老的陆块合并而成，其中包括古北美陆块、古欧洲陆块、古西伯利亚陆块和古中国陆块。在晚古生代（距今约3亿年前）这些古陆块逐步靠拢并碰撞，大致在石炭纪早中期至二叠纪（2亿~2.7亿年前）才逐步闭合。古地质、古气候和古生物资料表明，劳亚古陆在石炭纪至二叠纪时期位于中、低纬度带。在中生代以后（最近的1亿~2亿年间）劳亚古大陆又逐步破裂解体，从而导致北大西洋扩张形成。研究表明，全球新的造山地带的形成和分布，都是劳

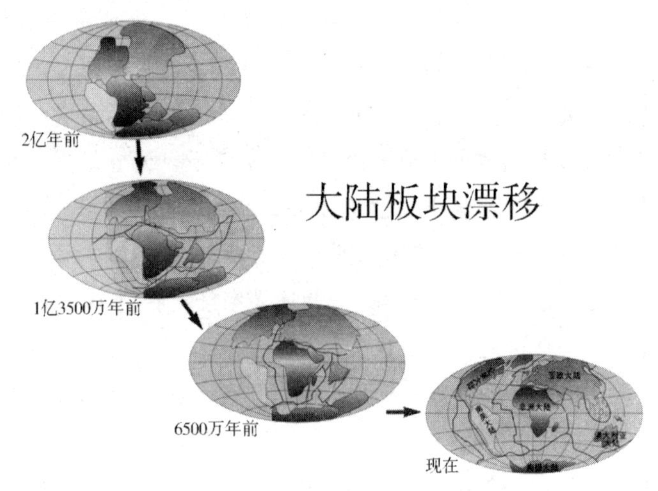

大陆板块漂移示意

亚古陆和冈瓦纳古陆破裂和漂移的构造结果。在这过程中，大陆岩块的不均匀向西运动和离极运动的规律十分明显。总的看来，劳亚古陆曾位于北半球的中高纬度带，冈瓦纳古陆则曾一度位于南半球的南极附近。

在杜托特（1937年）提出劳亚古陆与冈瓦纳古陆理论之前，魏格纳早在1912年提出了地球上曾只有一个原始大陆存在的理论，称为联合古陆。魏格纳认为，它是在石炭纪时期（距今约2.2亿~2.7亿年前）形成的。魏格纳把联合古陆作为他描述大陆漂移的出发点。然而根据人们现在的认识，魏格纳所提出的联合古陆绝不是一个原始的大陆。虽然仍有很大一部分人赞同联合古陆的观点，但他们所做出的古大陆复原图与魏格纳所提出的复原图相比，已存在很大的差别，相反倒有些接近杜托特的两个古大陆分布的理论。

最近2亿年以来的大陆漂移和板块运动，已得到了确切的证明和广泛的承认。然而有人推测，板块运动很可能早在30亿年前就已经开始了，而且不同地质时期的板块运动速度是不同的，大陆之间曾屡次碰撞和拼合，以及反复破裂和分离。大陆岩块的多次碰撞形成了褶皱山脉，并连接在一起形成新的大陆，而由大洋底扩张形成新的大洋盆地。因此，要准确复原出大陆在2亿多年前所谓的“漂移前的漂移”是十分困难的。地球约有近46亿年历史，目前已经知道地球上最古老的岩石年龄为37亿年，并且分布的面积相当小。这样，从46亿年到37亿年间，约有9亿年的间隔完全缺失地质资料。此外，地球上25亿年前的地质记录也非常有限，这对研究地球早期的历史状况带来不少困难。因此，直到现在，我们还没有一个关于地球早期历史的统一的理论。

地球的年龄概说

地球是我们人类赖以生存的星球，它孕育了人类，构成了人类的生存环境，向人类提供了各种资源和发展文明的物质基础。

地球从原始的太阳星云中积聚形成一个行星到现在的时间，大约经历了

46 亿年。这里有两个不同的概念，地球的天文年龄是指地球开始形成到现在的时间。地球的地质年龄是指地球上地质作用开始之后到现在的时间。从原始地球形成经过早期演化到具有分层结构的地球，估计要经过几亿年，所以地球的地质年龄小于它的天文年龄。通常所说的地球年龄是指它的天文年龄。

关于地球的年龄还有很多种假说：

1. 运用海洋的形成来确定地球的年龄。地球刚形成时地表冷却同时产生大量的水蒸气，逐渐地越积越多，最终下了一场历经了一百万年甚至一千万年的大雨，再加上由岩石分馏出的水，就形成了海洋。在这种情况下，地球有 2. 5 亿年的年龄。但是地球的形成远比海洋长的多。因此，这种说法不久就被推翻了。

2. 根据月球原来距地球的距离和现在的距离来确定。但是得出的答案也几乎与上面的一样 2. 6 亿年。这使天文学家感到疑惑。

3. 由地球的乘积层来确定。但是这种做法很难来确定。因为，乘积层很难被确定。而且，乘积层的层与层之间的变化率很不稳定。所以，这种说法又被推翻了。

还有我国古人推测自天地开辟至于获麟（公元前 481 年），凡三百二十六万七千年。17 世纪西方国家的一个神甫宣称，地球是上帝在公元前 4004 年创造的。如此等等说法，纯属臆想，毫无科学根据。

以上只是几种假说，计量地球所经历的时间，必须找到一种速率恒定而又量程极大的尺度。早期找到的一些尺度的变化速率在地球历史上是不恒定的。1896 年放射性元素被发现以后，人们才找到了一种以恒定速率变化的物理过程作为尺度，来测定岩石和地球的年龄。

最早尝试用科学方法探究地球年龄的是英国物理学家哈雷。他提出，研究大洋盐度的起源，可能提供解决地球年龄问题的依据。1854 年，德国伟大的科学家赫尔姆霍茨根据他对太阳能量的估算，认为地球的年龄不超过 2500 万年。1862 年，英国著名物理学家汤姆生说，地球从早期炽热状态中冷却到如今的状态，需要 2000 万至 4000 万年。这些数字远远小于地球的实际年龄，但作为早期尝试还是有益的。

最古老岩石

到了 20 世纪，科学家发明了同位素地质测定法，这是测定地球年龄的最佳方法，是计算地球历史的标准时钟。根据这种办法，科学家找到的最古老的岩石，有 38 亿岁。然而，最古老岩石并不是地球出世时留下来的最早证据，不能代表地球的整个历史。这是因为，婴儿时代的地球是一个炽热的熔融球体，最古老岩石是地球冷却下来形成坚硬的地壳后保存下来的。

20 世纪 60 年代末，科学家测定取自月球表面的岩石标本，发现月球的年龄在 44 亿~46 亿年之间。于是，根据目前最流行的太阳系起源的星云说，太阳系的天体是在差不多时间内凝结而成的观点，便可以认为地球是在 46 亿年前形成的。然而，这是依靠间接证据推测出来的。事实上，至今人们还没有在地球自身上发现确凿的“档案”，来证明地球活了 46 亿年。

星云说

星云说是关于太阳系起源于原始星云的各种假说的总称。一类假说认为太阳系内的所有天体都由同一团原始星云形成，中央部分形成太阳，外围部分形成行星、卫星等天体，这类假说被称为共同形成说；另一类则认为太阳先形成，然后由太阳从恒星际空间俘获弥漫物质形成原始星云，再由原始星云形成行星和卫星，这类假说被称为俘获说。

地球的形状概说

天圆地方说

在科学技术高速发展的今天，人类对自己居住的地球面貌已愈来愈清楚明白。但是，人们对地球到底是什么样子的认识，是经历了相当漫长的过程的。

在古代，由于科学技术不发达，对地球的样子曾流传过许多传说和神话，人类只能通过简单的观察和想象来认识地球。例如，我国的古人观察到“天似穹窿”，就提出了“天圆地方”的说法。这一学说认为，天是圆形的，像一把张开的大伞覆盖在地上；地是方形的，像一个棋盘，日月星辰则像爬虫一样过往天空。“天圆地方说”虽然符合当时人们粗浅的观察常识，但实际上却很难自圆其说。比如方形的地和圆形的天怎样连接起来的问题。于是，天圆地方说又修改为：天并不与地相接，而是像一把大伞高悬在大地上空，中间有绳子缚住它的枢纽，四周还有八根柱子支撑着。但是，这八根柱子撑在什么地方呢？天盖的伞柄插在哪里？扯着大帐篷的绳子又拴在哪里？这些也都是天圆地方说无法回答的。到了战国末期，新的盖天说诞生了。新盖天说认为，天像覆盖着的斗笠，地像覆盖着的盘子，天和地并不相交，天地之间相距八万里。盘子的最高点便是北极。太阳围绕北极旋转，太阳落下并不是落到地下面，而是到了我们看不见的地方，就像一个人举着火把跑远了，我们就看不到了一样。新盖天说不仅在认识上比天圆地方说前进了一大步，而且对古代数学和天文学的发展产生了重要的影响。

在新盖天说中，有一套很有趣的天高地远的数字和一张说明太阳运行规律的示意图——七衡六间图。古代许多圭表都是高 2.4 米，这和新盖天说中的天地相距 4000 万米有直接关系。盖天说是一种原始的宇宙认识论，它对许多宇宙现象不能做出正确的解释，同时本身又存在许多漏洞。到了唐代，天文学家僧一行等人通过精确的测量，彻底否定了盖天说中的“日影千里差一寸”的说法后，盖天说从此便破产了。随着人类社会生产力、科学技术和航海交通的发展，人们的活动范围逐渐扩大，视野日益开阔，大地的球形观念逐步形成起来。

西方的古人按照自己所居住的陆地为大海所包围，就认为“地如盘状，浮于无垠海洋之上”。大约从公元前8世纪开始，希腊学者们试图通过自然哲学来认识地球。到公元前6世纪后半叶，古希腊哲学家毕达哥拉斯提出了地为圆球的说法。又过了两个世纪之后，亚里士多德根据月食等自然现象也认识到大地是球形，并接受其老师柏拉图的观点，发表了“地球”的概念，但都没有得到可靠的证明。

直到公元前3世纪，亚历山大学者埃拉托色尼首创子午圈弧度测量法，实际测量纬度差来估测地圆半径，最早证实了“地圆说”。稍后，我国东汉时期的天文学家张衡在《浑仪图注》中对“浑天说”作了完整地阐述，也认识到大地是一个球体，但在其天文著作《灵宪》中又说天圆地平。这些都说明当时人们对地球形状的认识还是很不明晰的。

地球的真实形状

现在人们对地球的形状已有了一个明确的认识：地球并不是一个正球体，而是一个两极稍扁，赤道略鼓的不规则球体。但得到这一正确认识却经过了相当漫长的过程。

从上文我们已经知道，公元前3世纪，球形大地的观念就已经产生，但这毕竟没有直接的证据，所以人们对此并没达成共识。直到1519－1522年，葡萄牙人麦哲伦率领的船队完成环球航行，进一步证实地球确实是个球体。从此，人们才把我们居住的“大地”称为“地球”。麦哲伦环球航行的实现，是人类最终证实地球是个大圆球的里程碑。当时西班牙国王送给航海家们一个最好的礼物，就是一个人类

地球的真实形状

共同拥有，然而又不被人们真正认识的彩色地球的模型——地球仪。上面刻着一行寓意深刻的题字——“你首先拥抱了我”。

大地是圆球形状，到了16世纪，已经没有什么可以争论的了。但人类对地球形状的认识，并没有终止。地球是个怎样的球体呢，是浑圆体还是椭圆体，是扁球体还是长球体，是规则的还是不规则的？

英国著名物理学家牛顿于17世纪80年代提出了万有引力定律。他从这个理论出发，提出地球由于绕轴自转，因而就不可能是正球体，而只能是一个两极压缩，赤道隆起，像橘子一样的扁球体。也就是说地球的半径随纬度的增加而变短，赤道的半径最长，极半径最短。法国天文学家里希尔在南美洲进行天文观测时发现，摆钟是受地面重力作用才摆动的，在法国巴黎和在南美洲摆动的周期不同。他认为这是因地面上重力不同引起的，并进而说明地面重力变化的情况。他的推测与牛顿的理论完全吻合，里希尔便正式提出了自己的结论。可是当时的巴黎科学院的权威接受不了地面重力会有变化的客观事实。在地球形状上，反对牛顿理论的代表人物，是当时巴黎科学院所属的巴黎天文台第一任台长卡西尼父子。他们曾对从巴黎到其以北的城市敦刻尔刻之间的子午线进行过很不精确的弧度测量。他们的测量结果与里希尔的结论完全相反。因而伏尔泰在文章里说：“关于地球的形状，在伦敦认为是个桔子，而在巴黎却把它想象成一个西瓜。”

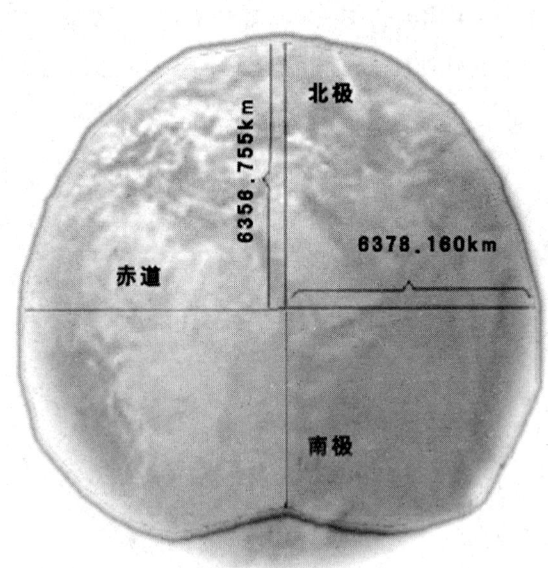

地球像一个倒放着的梨

到了18世纪30年代，关于地扁和地长的争论更加激化。法国巴黎科学院分为两派，拥护牛顿在理论上确定的扁球学说的人，在科学院内形成了强大的力量。为了解决这个争端，法国国王路易十四派出两个远征队，再一次去实测子午线的弧度。一个队到北纬66度的拉普兰地区，另一队远涉重洋到南美洲的秘鲁地区（南纬2度）。这是18世纪科学史上一大壮举。南美远征队经过十年工作，才回到巴黎。这次精密的子午线测量结果一公布，便轰动了巴黎科学院，也轰动了整个科学界，因为他们用事实证明了牛顿的扁球说理论是完全正确的。为此伏尔泰风趣地写道：两个远征队用最雄辩的事实“终于把两极和卡西尼都一起压下去了”。

20世纪50年代后，科学技术发展非常迅速，为大地测量开辟了多种途径，高精度的微波测距，激光测距，特别是人造卫星上天，再加上电子计算机的运用和国际间的合作，使人们可以精确地测量地球的大小和形状了。通过实测和分析，终于得到确切的数据：地球的平均赤道半径为6738.14千米，极半径为6356.76千米，赤道周长和子午线方向的周长分别为40075千米和39941千米。测量还发现，北极地区约高出18.9米，南极地区则低下24～30米。看起来，地球形状像一只梨子：它的赤道部分鼓起，是它的“梨身”；北极有点放尖，像个“梨蒂”；南极有点凹进去，像个“梨脐”，整个地球像个梨形的旋转体，因此人们称它为“梨形地球”。确切地说，地球是个三轴椭球体。

浑天说

浑天说是我国古代的一种宇宙学说。由于古人只能在肉眼观察的基础上加以丰富的想象，来构想天体的构造。浑天说最初认为：地球不是孤零零地悬在空中的，而是浮在水上；后来又有发展，认为地球浮在气中，因此有可能回旋浮动，这就是“地有四游”的朴素地动说的先河。浑天说认为全天恒星都布于一个“天球”上，而日月五星则附丽于“天球”上运行，这与现代天文学的天球概念十分接近。

地球的体积概说

怎样测量地球的大小

地球有多大？这也是人们想要了解的问题。然而，地球太大了，要想拿一根皮尺绕地球一周那是幼稚的想法。不过，人毕竟是万物之灵，古代科学家曾经这样设想过，假如能测量地球表面的一部分，再用数学方法推算，不就可以了解地球的大小了吗？做这方面尝试的前人中外皆有。他们的推理与计算过程是这样的：如果能够实测出地表 1 度的长度，那么其 360 倍应该是地球的周长，有了周长，就不难算出地球半径与表面积。而度数的确定可以利用太阳高度角的不同来计算。隋朝有一位科学家刘焯，他主张在同一经线上的两个地方，利用日影长度的相差，可求得两地纬度相差的度数。再根据实地距离，自然可以求出纬度每一度有多长，进而就可计算出地球圆周和半径的长度来。古希腊的数学家和天文学家埃拉托色尼曾利用这一原理计算出地球圆周的长度，在两千多年前，这实在是一个令人赞誉的大事。

埃拉托色尼因创用地理学一词，在西方被称为“地理学之父”。他生于昔兰尼，卒于埃及的亚历山大，曾在埃及亚历山大城任该城图书馆馆长。他利用太阳光线在两个地方“一正一斜”照射的现象，不仅说明了大地是球形的，而且巧妙地计算出了地球的大小。

埃拉托色尼测量地球大小的方法既简单又科学。在 6 月 21 日（夏至日）这一天，他选择同一子午线上的两地西恩纳（Syene，今天的阿斯旺）和亚历山大，进行太阳位置观察的比较。在西恩纳附近的尼罗河的一个河心岛洲上有一口深井，夏至日那天太阳光可直射井底。这一现象闻名已久，它表明太阳在夏至日正好位于天顶。与此同时，他在亚历山大选择一个很高的方尖塔作为日晷，并测量了夏至日那天塔的阴影长度，这样他就可以量出直立的方尖塔和太阳光射线之间的角度，埃拉托色尼通过观测得到了这一角度为 7°12′，之后他运用了平行线的相关性质，得知西恩纳与亚历山大的连线对地心的圆心角也是这个数值，即相当于圆周角 360°的 1/50。由此表明，这一角度对应的弧长，即从西恩纳到亚历山大的距离，应相当于地球周长的1/50。

接着埃拉托色尼借助于皇家测量员的测地资料，测量得到这两个城市的距离是5000希腊里。得到这个结果，地球周长只要乘以50即可，结果为25万希腊里。为了符合传统的圆周为60等分制，埃拉托色尼将这一数值提高到252000希腊里，以便于被60除尽。希腊里约为现代的157.5米，可换算为现代的公制，地球圆周长约为39375千米，经埃拉托色尼修订后为39360千米，这与现在的测得数据惊人地相近。

埃拉托色尼计算出这些数据，他自己也大吃一惊。地球真有这么大吗？是不是计算错了？当时还有很多人不相信大地是球形的，因而他的计算结果也就石沉大海了。直到1522年，麦哲伦的船队完成了环球航行后，人们才发现，埃拉托色尼在一千多年前算出的地球大小是对的。

地球的半径、圆周和面积

半　径

公元前1世纪，希腊哲学家波塞多尼奥斯做了进一步努力，这是第一次利用天文方法进行测量，得出的值比埃拉托色尼的数值略小。波塞多尼奥斯利用的是洛迪和亚历山大之间的经线，他根据船航行两地用的平均时间，并且根据老人星在同一时刻处在两座城市上的不同位置确定中心角。在事隔九百年后，阿拉伯人开始尝试再一次测量地球半径。他们也是在天文观测的基础上进行的，不过任务更艰巨。他们在地上，准确地说就在巴格达附近的平原上，选取了两个参照点竖起木杆。他们得到的结果更加精确，只有3.6%的误差。

实际上，地球的平均半径约为6371千米，之所以有“平均”一说，是因为地球并非正球体，赤道处略鼓，两极地方较扁，自然我们可以想到赤道半径要比极半径长。根据实测，赤道半径长6378.4千米，极半径长6356.9千米，两者相差21.5千米。相对于地球半径而言，极半径与赤道半径之差和地面高低起伏就显得微不足道了。若有人要想凿穿地球的话，面对如此巨大的数字，也只有想想而已了。

圆　周

地球的圆周各处也有长度差异，赤道圈最长，全长 40076.6 千米，通过两极的经线圈比较短，全长为 40009.1 千米。说得简单点，沿着同一方向绕地球一周，全部路程总在 40000 千米以上。如果我们搭火车环绕地球一周，火车的速度是每小时 50 千米，“马不停蹄”也需要走 33 个昼夜了。假使人步行的话，那可不是一月两月的时间，恐怕要好几年了。

面　积

地球的表面积是 5.1 亿平方千米，70% 以上为广阔的海洋所覆盖，陆地面积仅占 29%，约 1.5 亿平方千米。陆地本身是一个极其复杂的生态系统，除了沙漠、冰川、冻土、不宜开垦的山地和土质极差的土地外，只有约 30% 可以耕种。据联合国粮农组织 1989 年统计，全球土地面积为 1306925 万公顷，约占全球总面积的 1/4，在全球土地面积中，耕地占 11.29%，草地占 24.58%，森林及林地占 30.98%，其他土地占 33.15%。差不多是我国面积的 54 倍。

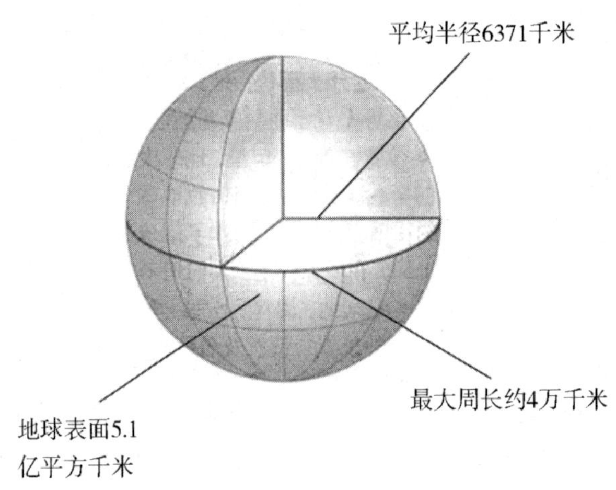

地球的大小

地球的质量和体积

有关地球质量的研究很早就摆到了科学家们的面前。人们意识到地球是如此之大，以至于根本不可能用任何方法得到一个能改变其运动状态的力，而且，人们也绝对无法称出地球的重力质量。但如果换一个角度考虑，我们可以不去直接称地球的重量。如果我们在距地心一定远的地方测出某个常见物体所受的重力，就可以将其与该物体在地球表面距地心这样大的距离内所受到的重力引力相比较，在该物体质量已知的条件下，就可求出地球的质量。

实际上，地球的质量自 1774 年以来，已经“称”了好几次了。当然，我们不用“称”，而是应用万有引力定律来计算。现在随着科学的进步和测量方法的精进，所测的结果越来越准确。1979 年美国科学家埃斯波西托发表的地球质量最新数值是65. 86 万亿吨，地球的平均密度为每立方米5. 517 吨。我们提及的地球的体积和质量，仅仅指包裹着的地球本体。其实地球表层还有水圈和大气圈。附着在地球表面的水层和大气层，其形状亦深深地受地球形状和地球运动的影响，大体上呈旋转椭球体形状。但由于水和大气易于流动，地球自转时产生地转离心力，在地转离心力的作用下，它们都向着离心力最大的赤道附近集中，因而比地球本体更加扁一些。

知道了地球的质量。有人可能还会问：地球到底有多大，它的体积是多少呢？这太容易了！现在我们已经知道地球是个椭圆球体，同时，也比较精确地测出了赤道半径和极半径的大小。那么，将它们代入椭球体积公式，不就得出了它的体积大小吗？粗略地说，地球的体积大约为 1. 1 万亿立方千米。精确一些说，地球的体积有 10833. 2 亿立方米。

为使测量地球的距离、方位和高度等问题简化，我们可以把它看成椭球体来计算。由于推算年代、所用方法及测定地区不同，其结果也不完全一致。

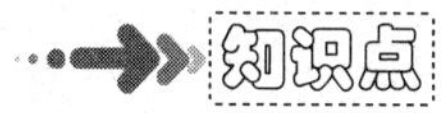

地球的质量

地球的质量为 5.976×10^{27} 千克，这是根据万有引力定律测定的。地球质量的确定提供了测定其他天体质量的依据。从地球的质量可得出地球的平均密度为5.52克/厘米^3。

地球的自转概说

自转速度

我们常常说：太阳出来了，太阳落山了。究竟是太阳沿天空转动——黎明升起黄昏落下，还是我们以为太阳在转动，而实际上却是我们的地球跟着它一起转动呢？古代由于科技不发达，有主张“天动地静”的说法，到了今天连小学生也知道是地球绕着太阳转。人们对地球静止的观念来自于一种错觉。人生活在地球上，不易直接察觉出地球在自转，这就好像夜间乘坐高速平稳前进的火车一样，只看到远近灯光参差不齐地向后退走，似乎自己和车厢没有动一样。我们在地球上跟着一起转动，反觉得是太阳、月亮、星星在环绕地球转动。要证明地球在自转并不困难：在一个很深的矿井上面，从井口正中投下一件物体，那个物体并不是一直落在井底中心，而是一面下落一面向东偏，最后撞在矿井东面壁上。物体受地心引力吸引，向地面落下，如不受其他因素影响，落下的方向应该是垂直的。但当地球自转时，井口距地心远，所以转得快，井底距地心较近，所以转得慢，物体从井口落下，因为惯性关系它还保持随井口转动的原来速度，因此比转得慢一点的井底向东早走了一步。所以出现了实验中的撞墙现象。这个实验证明了地球自西向东转的事实。

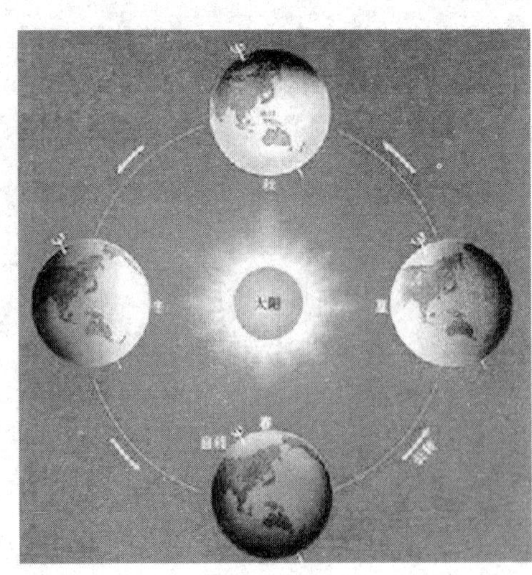

地球绕着太阳转

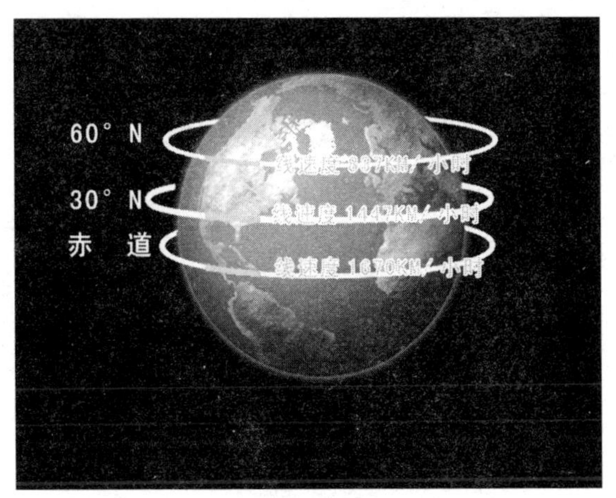

地球自转速度

地球自转时，并不像皮球那样乱滚，它的转动是自西向东。地球自转时有两点不动，这就是地球的南极和北极。连接南极和北极通过地心的假想线叫地轴。地球自转运动，就是绕着假想的地轴做不停地圆形旋转运动的。如果要问地球的自转速度是多少？可以用线速度和角速度两种方式来回答。所谓角速度是依照地球上某一地点在圆形球体上所转动的角度来计算。地球自转一周是 360 度，角速度是 15 度/小时。如果依照地球上某一地点在地表所转动经过的实际距离（叫线速度)，不同纬度的线速度是有差异的。越接近两极地区，自转的线速度越小，到达地轴两端的南北极点时，自转的线速度就等于零了。

“坐地日行八万里” 这其中的道理就在于此：地球赤道周长为 40076. 6 千米，地球自转一周，相对于赤道地物而言，等于行走了 40076. 6 千米，换算成里，即为八万里。如果在两极地区，坐地日行距离为零。

自转的周期

笼统地说地球自转的周期是一日。地球自转周期的度量，需要在地外的天空找一个超然于地球自转的参考点。按参考点的不同，天文上日的长度有三种，它们是恒星日、太阳日和太阴日，分别以春分点、太阳和月球为参考点。通常所说的一日（一昼夜）是指太阳日。

天体周日运动是地球自转的反映。因此，地球自转周期可以从天体周日运动的周期来测定。恒星日是指同一恒星连续两次在同地中天的周期。同理，太阳日就是太阳连续两次在同地中天所需的时间；太阴日则是月球连续两次在同地中天所经历的时间。

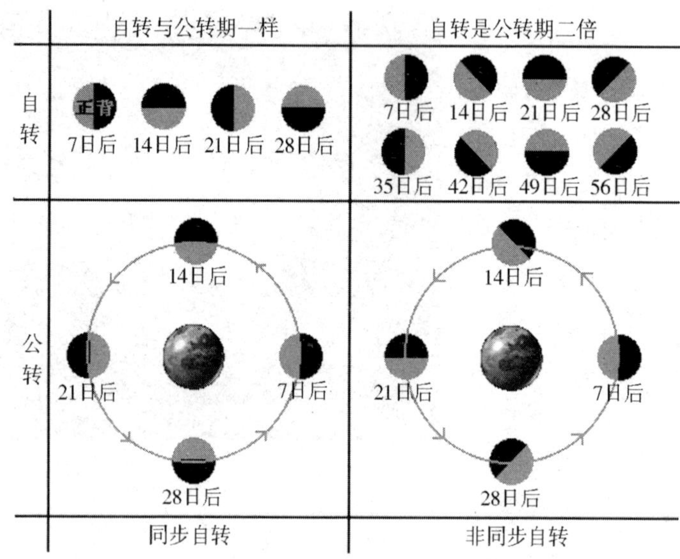

地球自转的周期

以上三个周期中，只有恒星日是地球自转的真正周期，即地球自转360°所经历的时间，因为恒星通常被视为天球上的定点。应当指出，天文上用来定义恒星日的，不是具体的某个恒星，而是春分点。这是由于恒星日是同恒星时相联系的，而恒星时是以春分点作为量时天体的。恒星时就是春分点的时角。为了同这些情况相适应，用来定义恒星日的只能是春分点。如考虑到地轴进动或春分点西退，那么，恒星日与地球自转周期，也还存在细微的差别。

同恒星相比较，太阳和月球都不是天球上的定点。它们除了参与天球周日运动（向西）外，还有各自的巡天运动（向东），因而太阳日和太阴日都不是地球自转的真正周期。太阳和月球在天球上向东运行，意味着它们的赤经持续递增（赤经向东度量）。天体中天时刻按其赤经次序而定。赤经增大，中天时刻就推迟到来，使连续两次中天的时间间隔增长。因此，太阳日和太阴日都要长于恒星日。

太阳日和太阴日之间的互不相同，是因为二者具有不同的速度。太阳周年运动是地球公转的反映，其速度是每太阳日约59′；月球的巡天运动是它本身绕转地球，其速度是每太阴日 13°38′（或每太阳日 13°10′）。在 1 个太阳日期间，地球自转不是真正的一周，而是 360°59′；在 1 个太阴日期间，地球自转不是 360°，而是 373°38′。如果以恒星日的长度来分 24 小时（恒星小时），那么，太阳日的长度是 24 时 04 分，太阴日长度是 24 时 54 分。但在日常生活中，人们总是以 24 小时表示太阳日的长度，在这种情形下，恒星日长度为 23 时 56 分；太阴日长度则为 24 时 50 分。

不稳定的地球自转

自 20 世纪以来由于天文观测技术的发展，人们发现地球自转是不均的。1967 年国际上开始建立比地球自转更为精确和稳定的原子时。由于原子时的建立和采用，地球自转中的各种变化相继被发现。现在天文学家已经知道地球自转速度存在长期减慢、不规则变化和周期性变化。

通过对月球、太阳和行星的观测资料和对古代月食、日食资料的分析，以及通过对古珊瑚化石的研究，可以得到地质时期地球自转的情况。在 6 亿多年前，地球上一年大约有 424 天，表明那时地球自转速率比现在快得多。在 4 亿年前，一年有约 400 天，2.8 亿年前为 390 天。研究表明，每经过一百年，地球自转周期减慢近 2 毫秒（1 毫秒 = 千分之一秒），它主要是由潮汐摩擦引起的。此外，由于潮汐摩擦，使地球自转角动量变小，从而引起月球以每年 3 ~4 厘米的速度远离地球，使月球绕地球公转的周期变长。除潮汐摩擦原因外，地球半径的可能变化、地球内部地核和地幔的耦合、地球表面物质分布的改变等也会引起地球自转长期变化。

地球自转速度除上述长期减慢外，还存在着时快时慢的不规则变化，这种不规则变化同样可以在天文观测资料的分析中得到证实，其中从周期为近十年乃至数十年不等的所谓“十年尺度”的变化和周期为 2 ~7 年的所谓“年际变化”，得到了较多的研究。十年尺度变化的幅度可以达到约 ±3 毫秒，引起这种变化的真正机制目前尚不清楚，其中最有可能的原因是核幔间的耦合作用。年际变化的幅度为 0.2 ~0.3 毫秒，相当于十年尺度变化幅度的十分之一。这种年际变化与厄尔尼诺事件期间的赤道东太平洋海水温度的异常变化具有相当的一致性，这可能与全球性大气环流有关。然而引起这种一致性的

地球自转的方向

真正原因目前正处于进一步的探索阶段。此外，地球自转的不规则变化还包括几天到数月周期的变化，这种变化的幅度约为 ±1 毫秒。

地球自转的周期性变化主要包括周年周期的变化，月周期、半月周期变化以及近周日和半周日周期的变化。周年周期变化，也称为季节性变化，是 20 世纪 30 年代发现的，它表现为春天地球自转变慢，秋天地球自转加快，其中还带有半年周期的变化。周年变化的振幅为 20 ~ 25 毫秒，主要由风的季节性变化引起。半年变化的振幅为 8 ~ 9 毫秒，主要由太阳潮汐作用引起的。此外，月周期和半月周期变化的振幅约为 ±1 毫秒，是由月亮潮汐力引起的。地球自转具有周日和半周日变化是在最近的十年中才被发现并得到证实的，振幅只有约 0.1 毫秒，主要是由月亮的周日、半周日潮汐作用引起的。

地球的公转概说

公转特性

1543 年著名波兰天文学家哥白尼在《天体运行论》一书中首先完整地提出了地球自转和公转的概念。地球公转的轨道是椭圆的，公转轨道半长径为 149597870 千米，轨道的偏心率为 0.0167，公转的平均轨道速度为每秒 29.79 千米；公转的轨道面（黄道面）与地球赤道面的交角为 23.27 度，称为黄赤交角。地球自转产生了地球上的昼夜变化，地球公转及黄赤交角的存在造成了四季的交替。

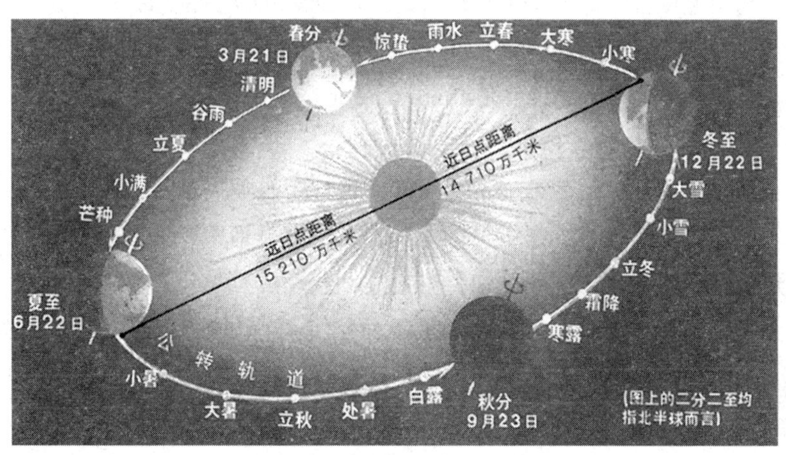

四季交替

从地球上看，太阳沿黄道逆时针运动，黄道和赤道在天球上存在相距180°的两个交点，其中太阳沿黄道从天赤道以南向北通过天赤道的那一点，称为春分点，与春分点相隔180°的另一点，称为秋分点，太阳分别在每年的春分（3月21日前后）和秋分（9月23日前后）通过春分点和秋分点。对居住的北半球的人来说，当太阳分别经过春分点和秋分点时，就意味着已是春季或是秋季时节。太阳通过春分点到达最北的那一点称为夏至点，与之差18°的另一点称为冬至点，太阳分别于每年的6月22日前后和12月22日前后通过夏至点和冬至点。同样，对居住在北半球的人，当太阳在夏至点和冬至点附近，从天文学意义上，已进入夏季和冬季时节。上述情况，对于居住在南半球的人，则正好相反。

像地球的自转具有其独特规律性一样，地球的公转也有其自身的规律。这些规律从地球轨道、地球轨道面、黄赤交角、地球公转的周期和地球公转速度和地球公转的效应等几个方面表现出来。

公转的速度

地球公转是一种周期性的圆周运动，因此，地球公转速度包含着角速度和线速度两个方面。如果我们采用恒星年作地球公转周期的话，那么地球公转的平均角速度就是每年 360°，也就是经过 365. 2564 日地球公转 360°，即每日约 59′8″。地球轨道总长度是 940000000 千米，因此，地球公转的平均线速度就是每年 9. 4 亿千米，也就是经过 365. 2564 日地球公转了 9. 4 亿千米，即每秒钟 29. 8 千米，约每秒 30 千米。

依据开普勒行星运动第二定律可知，地球公转速度与日地距离有关。地球公转的角速度和线速度都不是固定的值，随着日地距离的变化而改变。地球在过近日点时，公转的速度快，角速度和线速度都超过它们的平均值，角速度为 1°1′11″/日，线速度为 30. 3 千米/秒；地球在过远日点时，公转的速度慢，角速度和线速度都低于它们的平均值，角速度为 57′11″/日，线速度为 29. 3 千米/秒。地球于每年 1 月初经过近日点，7 月初经过远日点，因此，从 1 月初到当年 7 月初，地球与太阳的距离逐渐加大，地球公转速度逐渐减慢；从 7 月初到来年 1 月初，地球与太阳的距离逐渐缩小，地球公转速度逐渐加快。

我们知道，春分点和秋分点对黄道是等分的，如果地球公转速度是均匀的，则视太阳由春分点运行到秋分点所需要的时间，应该与视太阳由秋分点运行到春分点所需要的时间是等长的，各为全年的一半。但是，地球公转速度是不均匀的，则走过相等距离的时间必然是不等长的。视太阳由春分点经过夏至点到秋分点，地球公转速度较慢，需要 186 天多，长于全年的一半，此时是北半球的夏半年和南半球的冬半年；视太阳由秋分点经过冬至点到春分点，地球公转速度较快，需要 179 天，短于全年的一半，此时是北半球的冬半年和南半球的夏半年。由此可见，地球公转速度的变化，是造成地球上四季不等长的根本原因。

公转周期

地球绕太阳公转一周所需要的时间，就是地球公转周期。笼统地说，地球公转周期是一“年”。因为太阳周年视运动的周期与地球公转周期是相同的，所以地球公转的周期可以用太阳周年视运动来测得。地球上的观测者，观测到太阳在黄道上连续经过某一点的时间间隔，就是一“年”。由于所选取的参考点不同，则“年”的长度也不同。常用的周期单位有恒星年、回归年和近点年。

地球公转的恒星周期就是恒星年。这个周期单位是以恒星为参考点而得到的。在一个恒星年期间，从太阳中心上看，地球中心从以恒星为背景的某一点出发，环绕太阳运行一周，然后回到天空中的同一点；从地球中心上看，太阳中心从黄道上某点出发，这一点相对于恒星是固定的，运行一周，然后回到黄道上的同一点。因此，从地心天球的角度来讲，一个恒星年的长度就是视太阳中心，在黄道上，连续两次通过同一恒星的时间间隔。

恒星年是以恒定不动的恒星为参考点而得到的，所以，它是地球公转360°的时间，是地球公转的真正周期。用日的单位表示，其长度为365.2564日，即365日6小时9分10秒。

地球公转的春分点周期就是回归年。这种周期单位是以春分点为参考点得到的。在一个回归年期间，从太阳中心上看，地球中心连续两次过春分点；从地球中心上看，太阳中心连续两次过春分点。从地心天球的角度来讲，一个回归年的长度就是视太阳中心在黄道上，连续两次通过春分点的时间间隔。

春分点是黄道和天赤道的一个交点，它在黄道上的位置不是固定不变的，每年西移50″.29，也就是说春分点在以“年”为单位的时间里，是个动点，

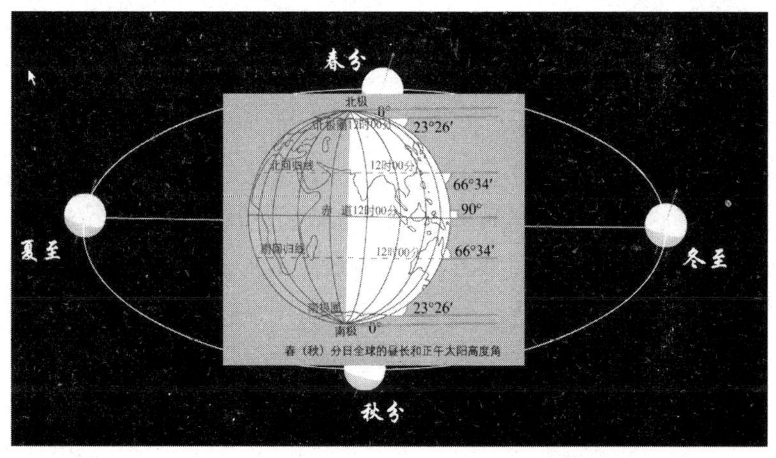

四分图

移动的方向是自东向西的，即顺时针方向。而视太阳在黄道上的运行方向是自西向东的，即逆时针的。这两个方向是相反的，所以，视太阳中心连续两次春分点所走的角度不足360°，而是360°－50″.29，即359°59′9″.71，这就是在一个回归年期间地球公转的角度。因此，回归年不是地球公转的真正周期，只表示地球公转了359°59′9″.71的角度所需要的时间，用日的单位表示，其长度为365.2422日，即365日5小时48分46秒。

地球公转的近日点周期就是近点年。这种周期单位是以地球轨道的近日点为参考点而得到的。在一个近点年期间，地球中心（或视太阳中心）连续两次过地球轨道的近日点。由于近日点是一个动点，它在黄道上的移动方向是自西向东的，即与地球公转方向（或太阳周年视运动的方向）相同，移动的量为每年11″，所以，近点年也不是地球公转的真正周期，一个近点年地球公转的角度为360°＋11″，即360°0′11″，用日的单位来表示，其长度365.2596日，即365日6小时13分53秒。

公转轨道和方向

地球在公转过程中，所经过的路线上的每一点，都在同一个平面上，而且构成一个封闭曲线。这种地球在公转过程中所走的封闭曲线，叫做地球轨道。如果我们把地球看成为一个质点的话，那么地球轨道实际上是指地心的公转轨道。

严格地说，地球公转的中位位置不是太阳中心，而是地球和太阳的公共质量中心，不仅地球在绕该公共质量中心在转动，而且太阳也在绕该点在转动。但是，太阳是太阳系的中心天体，地球只不过是太阳系中一颗普通的行星。太阳的质量是地球质量的33万倍，日地的公共质量中心离太阳中心仅450千米。这个距离与约为70万千米的太阳半径相比，实在是微不足道的，与日地1.5亿千米的距离相比，就更小了。所以把地球公转看成是地球绕太阳（中心）的运动，与实际情况是十分接近的。

地球轨道的形状是一个接近正圆的椭圆，太阳位于椭圆的一个焦点上。椭圆有半长轴、半短轴和半焦距等要素，分别用a、b、c表示，其中a又是短轴两端对于焦点（F1、F2）的距离。

半焦距与半长轴和平短轴之间存在着这样的关系：

$c^2 = a^2 - b^2$

半焦距 c 与半长轴 a 的比值 c/a，是椭圆的偏心率，用 e 表示，即 e = c/a，偏心率是椭圆形状的一种定量表示，e 的数值大于0 而小于1。椭圆越接近于圆形，则 e 的数值就越小，即接近于0；反之，椭圆越扁，e 的数值就越大。经过测定，地球轨道的半长轴 a 为 149600000 千米，半短轴 b 为 149580000 千米。根据这个数据计算出地球轨道的偏心率为：0.0167。

可见，地球轨道非常接近于圆形。

由于地球轨道是椭圆形的，随着地球的绕日公转，日地之间的距离就不断变化。地球轨道上距太阳最近的一点，即椭圆轨道的长轴距太阳较近的一端，称为近日点。在近代，地球过近日点的日期大约在每年 1 月初。此时地球距太阳约为 147100000 千米，通常称为近日距。地球轨道上距太阳最远的一点，即椭圆轨道的长轴距太阳较远的一端，称为远日点。在近代，地球过远日点的日期大约在每年的 7 月初。此时地球距太阳约为 152100000 千米，通常称为远日距。近日距和远日距二者的平均值为 149600000 千米，这就是日地平均距离，即 1 个天文单位。

地热概说

人们常说，太阳带给我们光明和温暖。地球上的光明固然归功于太阳，但地球上的温暖却不都是由太阳那里得到的。地球和人一样，也有自己的“体温”。

我们都知道，由于阳光的照射，地表温度会随昼夜和季节而发生变化，从而使地球表面和表层受到影响。但是，在地球深处，太阳热量所产生的影响越来越小，以至消失。实验证明，太阳的照射只能影响地下十几米以内的温度，这部分地层叫做变温层。十几米以下的地层不再随昼夜和季节而变化，被称做恒温层。巴黎有个 30 米深的地下室，一百年来的温度记录始终保持在 11.85℃，没有丝毫变化。

那么，如果我们再往地层深处去，温度又会怎样呢？是不是还会继续保持恒温呢？

从很深的矿井和钻孔得到的资料表明，地球深处的温度是随着深度增加而增高的。从地壳深处冒出的温泉，水温可高达百度；而从地幔喷出的岩浆，温度则高达千度。我们把每深入地下100米，地温增加多少度，即温度随深度而增加的变化速度叫做“地温梯度”。在不同地区，地温梯度有所不同。在我国华北平原，每深入100米，温度增高3～3.5℃；在欧洲大部分地区，每深入100米，温度增高2.8～3.5℃。如果按照这个增温速度推算，地下100千米深处的温度将是3000℃，1000千米深处将是3万度，地心的温度则会高达20万度。地球如果真有这样的高温是不堪设想的。因为那样的高温条件，地球将不再是固体球，而会被气化。多数人认为，地球内部温度最高不超过4000℃。还有人指出，地心温度必须小于8000℃，因为若超过这个温度，无论压力情况如何，地核的铁都会变成气体状态。所以，前面所列举的地温梯度的数值，只适用于一定深度。随着深度的增加，地温梯度值会不断减小。

至于地球内部的热能从何而来，对于这个问题，目前尚有争议。但一般认为可能来源于三个方面：第一，认为在地球形成过程中，由于尘埃和陨石物质积聚，位能（势能）转化为热能而保存至今。第二，认为在地球分层过程中，由于较重元素如铁，不断渗入地心，重力位能转变为热能，而保存下来。第三，认为地球内部有镭、铀、钍等放射性元素，会在缓慢蜕变过程中释放热能，为地球不断补充“体温”。不管哪种意见，都认为地球靠它自身可以产生热能。有人计算，地球自身每年散出的热量，相当于燃烧370亿吨煤的热量，这个数字是目前世界产煤量的12倍。还有人估计，在地下10千米深的范围内蕴藏着300×1027卡热量，相当于目前世界年产煤所含热量的2000倍。地球蕴藏着这么多的热量，如果用它发电、取暖，造福人类，岂不是天大的好事！这的确是很诱人的课题，目前很多国家已把开发地热能列入日程。

但是，地球不是到处都能随便开发的，因为具有利用价值的地热太深了。地热必须经过某种地质过程加以集中，距地面较浅，温度较高才有开发价值，才能称其为“地热资源”。温泉、火山就是地热在地表集中释放的现象。地下热水是由于地面的冷水渗入很深的地下，遇到浅层灼热岩体被烤热后，又沿着某些地壳裂缝冒出地表而形成的。在目前条件下，人们主要是利用地下浅层热水，至于对火山热能的利用那还是很遥远的事。

目前已有很多国家在开发和利用地热方面取得了很大成就。例如，新西兰是一个地热资源比较丰富的国家，全国已发现60余处地热田。有的地方热水或热蒸汽的温度高达300℃。新西兰利用地热发电，装机容量达20余万千瓦，仅次于美国和意大利，居世界第三位。

冰岛是因利用地热而著称于世的国家。它的首都雷克雅未克在过去几十年的时间里，通过烧煤取暖，弄得到处是煤烟，造成了严重的污染。如今，这个城市的所有建筑都是用地下热水取暖，而成为世界上最清洁的城市。有的地方还利用地热建造了大型温室企业，新鲜蔬菜四季不断。温室内有几百米深的钻井，这些钻井不需汲水动力，地下热水自会汩汩冒出地面。

地热喷薄

我国也有着丰富的地热资源，并在开发和利用方面取得了成功。在青藏高原，沿着念青唐古拉山麓向东延伸，是我国地热资源最丰富的地带，地热工作者叫它“喜马拉雅地热带”。在这个地带上已发现400多处多姿多彩的地热活动。除有热气腾腾的热泉和热水湖以及水温高达沸点的沸泉和热喷汽孔外，还有世界上罕见的热间歇泉和水热爆炸等奇妙景象。其中最引人注目的是位于拉萨西北的羊八井盆地，水温高达沸点的热泉很多，有的地面烫得不能坐人，用钢钎向地下只要钻几十厘米深，就会呼呼地冒出蒸汽。当地人称它是念青唐古拉山神的炉灶。现在，那里已经建起了我国第一座湿蒸汽型发电站。

羊八井热泉

羊八井热泉（地热区），位于西藏拉萨市西北约90千米处的当雄县，这里是海拔4300米的一片开阔盆地。附近山峰连绵起伏，终年冰封雪盖，在银光闪闪的冰川间，似乎空气都会冻结，但在盆地中间，温度高达92℃的羊八井热泉，沸水翻滚，水花四溅，蒸汽灼人。

地球的结构

DIQIU DE JIEGOU

地球的结构是一个比较大的命题，一般涉及地球内部结构和地球外部结构。通过对大量的天然地震波传播方向和速度的分析研究，科学家们发现地震波在地球内的传播速度在横向上的变化小，在纵向上的变化大；在一定的深度上波速有跳跃式的变化（增大或减小），而且在地球不同的地方，在大致相同的深度都有类似跳跃式的变化。由于地震波速与物质的密度有严格的相关性，所以这种现象说明地球内部物质在纵向上有明显的不均匀性，而在横向上相同的物质有层状的连续性。这就是说，地球内部存在由不同物质组成的圈层构造，即地壳、地幔和地核三层。在地壳以外，也有三个圈层，即大气圈、水圈和生物圈，统称为地球的外圈。这些内外圈层结合，即构成了整个地球。本章着重介绍了地球内外这些圈层的知识。

大气圈概说

大气圈的结构

大气圈可以说是由四部分组成的，根据各层大气的不同特点（如温度、成分及电离程度等），从地面开始依次分为对流层、平流层、中间层、热层（电离层）和外大气层。

对流层

接近地球表面的一层大气层，空气的移动是以上升气流和下降气流为主的对流运动，因此称之“对流层”。

对流层位于大气的最底层，集中了约75%的大气质量和90%以上的水汽质量。其下界与地面相接，上界高度随地理纬度和季节而变化。在低纬度地区平均高度为17～18千米，在中纬度地区平均为10～12千米，极地平均为8～9千米，并且夏季高于冬季。

对流层中，气温随高度升高而降低，平均每上升100米，气温约降低0.65℃。气温随高度升高而降低是由于对流层大气的主要热源是地面长波辐射，离地面越高，受热越少，气温就越低。但在一定条件下，对流层中也会出现气温随高度增加而上升的现象，称之为“逆温现象”。由于受地表影响较大，气象要素（气温、湿度等）的水平分布不均匀。空气有规则的垂直运动和无规则的乱流混合都相当强烈。上下层水气、尘埃、热量发生交换混合。由于90%以上的水气集中在对流层中，所以云、雾、雨、雪等众多天气现象都发生在对流层。

在对流层内，按气流和天气现象分布的特点又可分为下层、中层和上层。

（1）下层：下层又称扰动层或摩擦层。其范围一般是自地面到2千米高度。随季节和昼夜的不同，下层的范围也有一些变动，一般是夏季高于冬季，白天高于夜间。在这层里气流受地面的摩擦作用的影响较大，湍流交换作用特别强盛。通常，随着高度的增加，风速增大，风向偏转。这层受地面热力作用的影响，气温亦有明显的日变化。由于本层的水汽、尘粒含量较多，因而，低云、雾、浮尘等出现频繁。

（2）中层：中层的底界在摩擦层顶，上层高度约为 6 千米。它受地面影响比摩擦层小得多，气流状况基本上可表征整个对流层空气运动的趋势。大气中的云和降水大都产生在这一层内。

（3）上层：上层的范围是从 6 千米高度伸展到对流层的顶部。这一层受地面的影响更小，气温常年都在 0℃以下，水汽含量较少，各种云都由冰晶和过冷水滴组成。在中纬度和热带地区，这一层中常出现风速等于或大于 30 米/秒的强风带，即所谓的急流。

此外，在对流层和平流层之间，有一个厚度为数百米到 1 ~ 2 千米的过渡层，称为对流层顶。这一层的主要特征是，气温随高度而降低的情况有突然变化。其变化的情形有：温度随高度增加而降低很慢，或者几乎为等温。根据这一变化的起始高度确定对流层顶的位置。对流层顶的气温，在低纬地区平均约为 -83℃，在高纬地区约为 -53℃。对流层顶对垂直气流有很大的阻挡作用，上升的水汽、尘粒多聚集其下，使得那里的能见度往往较坏。

对流层，因为其热量的（主要）直接来源是地面辐射，所以气温随高度升高而降低。青藏高原比相同高度的其他地区温度明显高，就是因为它提高了地面辐射的位置。

平流层

平流层，亦称同温层（人们认识到同温层只是平流层的一部分，同温层这一名词逐渐减少了使用，几乎销声匿迹），是地球大气层里上热下冷的一层，此层被分成不同的温度层，中高温层置于顶部，而低温层置于低部。它与位于其下贴近地表的对流层刚好相反，对流层是上冷下热的。在中纬度地区，平流层位于离地表 10 千米至 50 千米的高度，而在极地，此层则始于离地表 8 千米左右。平流层夹于对流层与中间层之间。

平流层之所以与对流层相反，随高度上升气温上升，是因为其底部吸收了来自太阳的紫外线而被加热。故之在这一层，气温会因高度而上升。平流层顶部称为平流层顶，在此之上气温又会再以随高度增加而下降。至于垂直气温分层方面，由于高温层置上而低温层置下，使得平流层较为稳定。那是因为那里没有常规的对流活动及如此相连的气流。此层的增温是由于臭氧层吸收了来自太阳的紫外线，它把平流层的顶部加热。至于平流层的底部，来自顶部的传导及下部对流层的对流刚好在那里抵消。所以，极地的平流层会于较低高度出现，因为极地的地面气温相对较低。

在温带地区，商业客机一般会于离地表 10 千米的高空，即平流层的底部处巡航。这是为了避开对流层因对流活动而产生的气流。而在客机巡航阶段所遇上的气流，大多是因为在对流层发生了对流超越现象。同样，滑翔机一般会在上升暖气流上滑翔，这股气流从对流层上升到达平流层就会停止。这样一来变相为世界各地的滑翔机设定了高度限制（纵然有些滑翔机会用上背风波来飞得更高，把滑翔机带到平流层之中）。

平流层是一个放射性、动力学及化学过程都会有强烈反应的区域。因为其水平的气态成分混合比起垂直的混合都来得要快。一个较为有趣的平流层环流特性是发生于热带地区的准双年震荡。这种现象由重力波引导，是由于对流层的对流而引至的。准双年震荡引致了次级环流的发生，这对于全球性的平流层输送诸如臭氧及水蒸气等尤为重要。

平流层内的风力分布颇为特别，首先平流层底部受到对流层顶部的西风带影响，所以几乎都吹着西风。然后，平流层上中部则会出现以下的现象。极地附近的夏季会有极昼的现象发生，所以处于夏季的半球，高纬度地区受到的日照时间会比低中纬度地区为长。因为极地附近会因臭氧层而渐渐和暖，结果形成了高压状态。反之低纬度会相对地处于低压状态。为了消除这种不稳定，就会产生出从高压处流向低压处的气流。可是这种气流又受到科里奥利力所影响而变成了东风。因此，在平流层的上中部除了特别的场合以外，夏季会比较盛行东风，亦即东风带，称为平流层东风。

而冬季来临时这个现象就会逆转发生。极地附近就会与夏季相反整天也不会受到太阳照射，结果高纬度地区就会比低中纬度地区低温，亦即进入低压状态。因此产生了从低纬度流向高纬度的气流，再因科里奥利力的影响而变成了西风，称为平流层西风。由于这种现象会随季节变化而改变风向，所以亦可被认为是季候风的一种，称之为平流层季候风。平流层西风及平流层东风的最大风速都可达到每秒约50米。

中间层

中间层自平流层向上至海拔85千米，温度在这里再次随高度升高而降低，终至约-93℃。中间层以氮气和氧气为主，该层内因臭氧含量低，同时，能被氮、氧等直接吸收的太阳短波辐射已经大部分被上层大气所吸收，所以温度垂直递减率很大，对流运动强盛。

热　层

热层又名电离层，是中间层以上至海拔约600千米的区域。这里的化学反应相对于地表要快许多，基本上物质都以其高能状态存在。

热层的特点是，气温随高度增加而增加，在300千米高度时，气温可达1000℃以上，像铅、锌、锡、锑、镁、钙、铝、银等金属，在这里也会被熔化掉。本层之所以有高温，主要是因为所有的波长小于0.175微米的太阳紫外线辐射，都被热层气体所吸收。热层中的氮、氧和氧原子气体成分，在强烈的太阳紫外线和宇宙射线作用下，已处于高度电离状态，所以也把热层称作“电离层”。其中100~120千米间的E层和200~400千米间的F层，以及介于中间层和热层之间，只在白天出现，高度大致为80千米的D层，电离程度都较强烈。电离层的存在，对反射无线电波具有重要意义。人们在远方之所以能收到无线电波的短波通讯信号，就是和大气层有此电离层有关。

外　层

外层是热层顶以上大气层的统称，又叫散逸层、逃逸层，也叫磁力层。它是大气的最高层，是大气圈和星际空间的过渡带。这层空气的温度也随高度增加而升高。该层内由于温度很高，空气极其稀薄，地球引力又很小，以致某些高速运动的空气分子可以挣脱地球引力的束缚、克服其他大气质点的阻碍而散逸到宇宙空间去。散逸层的上界也就是大气的上界，究竟有多高？据实测，大气密度是随高度增加而减小的，在700～800千米高度处气体分子之间的距离可达几百米远，这种情况已超过了实验室中可能获得的最高真空。若继续向上，空气更为稀薄，直至到达“星际空间”时仍然不是绝对真空，就是说大气和星际空间并不存在一个截然界面。气象上常把“极光”出现的最大高度（1000～1200千米），作为大气上界。近代卫星探测资料表明，把大气上界定为2000～3000千米则更加接近实际。

大气是如何形成的

我们每天生活在空气里，呼的是空气，吸的也是空气。空气究竟是怎样形成的呢？这个问题，现在还没有一个完美的解释，人们一直在努力进行探索。

大气从起源到现在已经历了40多亿年，它的发展总共可以分为三个阶段：原始大气、次生大气、现代大气。

一般认为：最初，当地球刚由星际物质凝聚成疏松的一团时，大气不单已经铺在地球表面，而且还渗在地球里面。那时候，空气中最多的是氢，约占气体成分的90%。此外还有不少水汽、甲烷、氨、氦以及一些惰性气体，但是几乎找不到氮、氧和二氧化碳，这就是原始大气。

后来，由于地心引力的作用，这个疏松的地球团收缩变小。在收缩时，地球里面的空气受到压缩，使地球的温度猛烈升高，地球内部的空气，也就大量飞散到太空中去。但地球收缩到一定程度后，速度就会变慢，而且在强烈收缩时所产生的热量，也渐渐失散，地球就渐渐冷却，地壳凝固了起来。这时，一部分最后被挤出地壳的空气，就被地心引力拉住，围在地球表面，形成了大气层。这时，水汽冷凝成为水，使地壳上开始有了水体。当时大气层是很薄的，大气成分也与现在大气层的成分大不相同，仍是水汽、氢、氦、氨、惰性气体等，这就是次生大气。

地壳凝固起来后，在很长时期内，地球内部又因放射性元素的作用而不断发热，造成地层的大调整，使地壳的某些地方，发生断层和位置移动，许多岩石和地壳中的水，在高温中又继续释放出来，增添了江河湖海中的水量。

原始大气演变成次生大气

被拘禁在岩石或地层中的一些气体，包括二氧化碳在内，也大量跑出来，充实了稀薄的大气层。

这时，大气上层已经有了许多水蒸气，它们受到太阳光的照射，一部分分解为氢和氧。这些分解出来的氧，一部分与氨中的氢结合，使氨中的氮分离出来；一部分与甲烷中的氢结合，使甲烷中的碳分离出来，这些碳又与氧结合成二氧化碳。

这样，大气圈内空气的主要成分就变为水汽、氮、二氧化碳和氧了。不过，那时候二氧化碳比现在多，而氧则比现在少。

据近来同位素测定，地球自生成以来，已有46亿多年了；距今18亿~19亿年前，水里面已经渐渐有生物生成；7亿~8亿年前，陆地上开始出现植物，当时大气中二氧化碳含量比较多，所以十分有利于植物的光合作用，使植物大为繁茂。大量植物在进行光合作用时，吸收了大气中丰富的二氧化碳，放出了氧，使大气中的含氧量大大增多。所以在大约5亿年前，地球上动物增加很快，动物的呼吸，又使大气中部分的氧转为二氧化碳。

地球上动植物增多后，它们在排泄和腐烂时，蛋白质的一部分变为氨和铵盐，另一部分直接分解出氮，变为氨和铵盐的一部分，通过硝化细菌和脱氧细菌的作用，也有一些变为气体氮，进入大气。由于氮气不太活泼，不容易在正常温度下与其他元素化合，因此大气中的氮也就愈积愈多，最后就达到了目前大气中氮的含量。

这时，地面附近的大气就获得了现在的成分：氮约占78%，氧约占21%，氩约占1%，其他微量气体的总和不到1%。从这里可以看出，大气的形成，一方面与地球的形成、地壳的形成有关，一方面又与动植物的出现有关。它不是孤立地形成的。

这只是目前科学界一种较普遍的解释。由于人们现在已能利用空间技术来了解宇宙中行星大气的情况，通过对一些行星大气探测结果的对比，可以看出，各个行星上的大气处于不同的发展阶段，这对于理解地球大气的形成很有帮助。但是更切合实际的大气层形成的理论，还需要人们作进一步地探索。

大气的运动

大气运动的形式

单圈环流

假设地球表面是均匀一致的，并且没有地球自转运动，即空气的运动既无摩擦力，又无地转偏向力的作用，那么，赤道地区空气受热膨胀上升，极地空气冷却收缩下沉，赤道上空某一高度的气压高于极地上空某一相似高度的气压。在水平气压梯度力的作用下，赤道高空的空气向极地上空流去，赤道上空气柱质量减小，使赤道地面气压降低而形成低气压区，称为赤道低压；极地上空有空气流入，地面气压升高而形成高气压区，称为极地高压。于是在低层就产生了自极地流向赤道的气流补充了赤道上空流出的空气质量，这样就形成了赤道与极地之间一个闭合的大气环流，这种经圈环流称为单圈环流。

事实上地球时刻不停地自转着，假使地表面是均匀的，但由于空气流动时会受到地转偏向力的作用，环流变得复杂起来。

三圈环流

赤道上受热上升的空气自高空流向高纬，起初受地转偏向力的作用很小，空气基本上是顺着气压梯度力的方向沿经圈运行的。随着纬度的增加，地转偏向力作用逐渐增大，气流就逐渐向纬圈方向偏转，到纬度30°附近，地转偏向力增大到与气压梯度力相等，这时在北半球的气流几乎成沿纬圈方向的西风，它阻碍气流向极地流动。故气流在纬度30°上空堆积并下沉，使低层产生一个高压带，称为副热带高压带，赤道则因空气上升形成赤道低压带，这就导致空气从副热带高压带分别流向赤道和高纬地区。其中流向赤道的气流，受地转偏向力的影响，在北半球成为东北风，在南半球成为东南风，分别称为东北信风和东南信风。这两支信风到赤道附近汇合，补偿了赤道上空流出的空气，于是热带地区上下层气流构成了第一环流圈，称信风环流圈或热带环流圈。

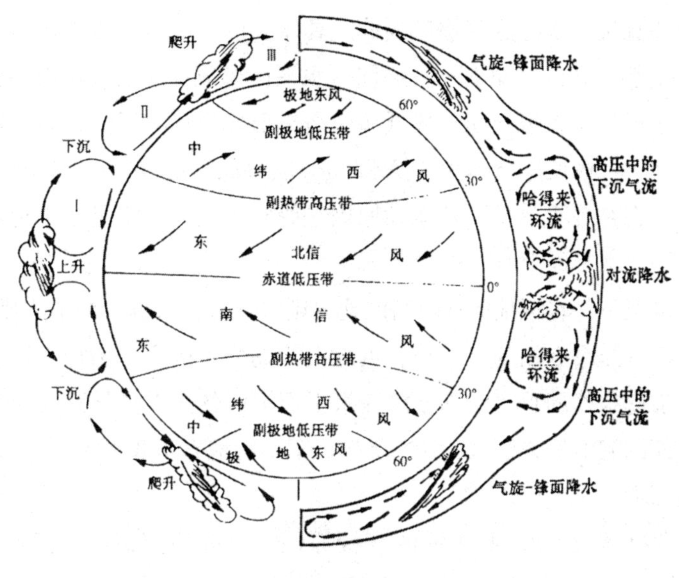

三圈环流示意图

极地寒冷、空气密度大，地面气压高，形成极地高压带。在北半球空气从极地高压区流出并向右偏转成为偏东风，副热带高压带流出的气流北上时亦向右偏转，成为中纬度低层的偏西风。这两支气流在纬度60°附近汇合，暖空气被冷空气抬升，从高空分别流向极地和副热带。在纬度60°附近，由于气流流出，低层形成副极地低压带。流向极地的气流与下层从极地流向低纬的气流构成极地环流圈，这是第二环流圈；自高空流向副热带处的气流与地面由副热带高压带向高纬度流动的气流构成中纬度环流圈，这是第三环流圈。只受太阳辐射和地球自转影响所形成的环流圈，称为三圈环流。它是大气环流的理想模式。

由于下垫面条件不同，三圈环流的模式被打破，形成季风、海陆风、山谷风和峡谷风等。

所有这些运动，都是大气运动。

大气运动的形成

热力环流

热力环流是由于冷热不均形成的。具体来说，地面受热不均→空气做垂直运动（受热上升，冷却下降）→同一水平面形成高、低气压中心，产生气压梯度（上升运动在近地面形成低压，高空形成高压。下降运动在近地面形成高压，高空形成低压）→大气做水平运动，形成风，热力环流形成。可见，大气运动首先是垂直运动，其运动原因是受热不均，其次是水平运动，其运动原因是同一水平面上有气压差。

一般情况下，在近地面气温高的地方则气压低，气温低的地方则气压高；近地面为低气压高空则为高气压，近地面为高气压高空则为低气压。地区间冷热不均引起空气的垂直运动，同一水平面上的气压差异导致大气的水平运动。等压面凸起的地方是高压区，等压面下凹的地方是低压区。

近地面大气水平运动

水平气压梯度力是形成风的直接原因，它既决定风向，又影响风速。摩擦力与风向方向相反，它既减小风速，也影响风向。摩擦力越大，风向与等压线之间的夹角越大。在沙漠地区人们利用麦草、稻草和芦苇等材料，在公路、铁路沿线流动沙丘上扎设方格状挡风墙，形成一定宽度和长度的沙障，就是为了增加地表面粗糙度而增大摩擦力，达到减小风速的目的。

全球性大气环流

全球性大气环流的成因，归纳起来，有以下几点：

第一，由赤道地区热空气上升、极地地区冷空气下沉，可以知道低纬和高纬环流是热力原因形成的环流，中纬环流是动力因素形成的动力环流，所以赤道低气压带、极地高气压带是热力原因形成的，副热带高气压带和副极地低气压带为动力原因形成的。在学习中我们要善于根据热力环流原理，理解七个气压带和风带的形成原因和相关的气候现象。例如赤道地区终年高温，气流受热作上升运动，南北移后近地面空气密度减小形成低压，形成赤道低气压带，受其控制的地区，多对流雨，降水丰富。又如在赤道低气压带与副热带高气压带之间，由于存在气压差异，水平气压梯度力由副热带高气压带指向赤道低气压带，又由于地转偏向力的影响，往北半球的低纬地区吹就形成了东北信风，往南半球的低纬地区吹就形成了东南信风。由于信风由高纬度（温度低的地区）流向低纬度（温度高的地区），一般情况下降水稀少。但如果信风来自海洋，且有地形的抬升，也可能形成丰富的降水，如马达加斯加岛的东部地区、澳大利亚大陆的东北部沿海地区、巴西东南沿海地区等。

第二，由于地球的公转运动，引起太阳直射点随季节而南北移动，导致气压带和风带在一年内也随太阳直射点做周期性的季节移动。气压带和风带在一年内有规律地南北移动，常使一些地区在不同季节出现完全不同的气候，如地中海气候地区和热带草原气候地区。

第三，海陆分布使气压带和风带的分布变得复杂化。由于海陆热力性质的差异，使纬向分布的气压带被分裂为块状，形成一个个高、低气压中心。北半球1月份副极地低气压带被陆地上冷高压切断，副极地低气压带仅保留在海洋上；7月份副热带高气压带被陆地上热低压切断，副热带高气压带仅保留在海洋上。

第四，亚洲东部季风环流最为典型。海陆热力性质的差异，导致冬夏间海陆气压中心的季节变化，从而形成季风环流。南亚季风的成因除海陆热力性质差异外，还有气压带、风带的季节移动，即南半球的东南信风夏季随着赤道低气压带北移而向北越过赤道，在地转偏向力的影响下，形成西南季风。冬夏季风势力的强弱主要取决于水平气压梯度力的大小。

知识点

大气圈

大气圈又叫大气层，地球就被这一层很厚的大气层包围着。

大气圈

大气圈主要由气体组成，当然其中也存在少量的固体、液体和离子，前两者主要出现在对流层，而最后一个主要出现在离地面较远（相对较稀薄）的两层中。

大气层的成分主要有氮气，占78.1%；氧气占20.9%；氩气占0.93%；还有少量的二氧化碳、稀有气体（氦气、氖气、氪气、氙气、氡气）和水蒸气。大气层的空气密度随高度而减小，越高空气越稀薄。

水圈概说

水圈的循环

地球上的水在太阳辐射和重力作用下，以蒸发、降水和径流等方式进行的周而复始的运动过程，称之为水圈的循环，又称“水循环”。水的三态转化特性是产生水圈循环的内因，太阳辐射和重力作用是这一过程的动力。太阳向宇宙空间辐射大量热能，在到达地球的总热量中约有23%消耗于海洋和陆地表面的水分蒸发。平均每年有577000立方千米的水通过蒸发进入大气，通过降水又返回海洋和陆地。水圈循环的空间范围上达地面以上平均约11千米的对流层顶，下至地面以下平均约1千米深处。水以各种形态往返于大气、陆地和海洋之间。

古希腊哲学家柏拉图臆测地下有一个大水库，是一切水的来源，大水库中的水来回摆动，形成河流，汇入大海，通过地下通道，海水又返回水库。古希腊另一位哲学家和科学家亚里士多德认为，地下空穴中的空气冷却凝结成水，成为许多发源于高山的河流的水源。他也曾提出，降水是河水的来源之一。古罗马建筑师维特鲁维吸收了前人关于水循环概念的科学描述部分，提出了一个包括雨水渗入形成地下水等比较完整的水循环概念。中国古代《黄帝内经·素问》一书中提出："地气上为云，天气下为雨，雨出地气，云出天气。"比较科学地描述了成云致雨的水文现象。成书于公元前 3 世纪的《吕氏春秋·圜道》篇比较完整地记述了水循环现象："云气西行云云然，冬夏不辍；水泉东流，日夜不休。上不竭，下不满，小为大，重为轻。圜道也。"法国水文学家佩罗 1674 年在《泉水之源》一书中，把观测的年降水量与塞纳河的估计流量作了比较，得出塞纳河年径流量是降水量的六分之一的结论。这个科学的定量概念的提出被公认为现代科学水文学的开始。20 世纪 60 年代以来，随着现代科学技术的发展，把水循环视为一个动力连续系统在不断地探索和研究。

物理过程

①蒸发。太阳辐射使水从海洋和陆地表面蒸发，从植物表面散发变为水汽，成为大气的一部分。

②水汽输送。水汽随着气流从一个地区被输送到另一地区，或由低空被输送到高空。

③降水。进入大气的水汽在适当条件下凝结，并在重力作用下雨、雪和雹等形态降落。

④径流。降水在下落过程中一部分蒸发，返回大气，一部分经植物截留、下渗、填洼及地面滞留后，通过不同途径形成地面径流、表层流和地下径流，汇入江河，流入湖海。海洋同大陆之间的水分交换过程称大循环或外循环；海洋或大陆上的降水同蒸发之间的垂向交换过程称为小循环。

水量变化规律

①总水量保持平衡。在全球范围内，在相当长期的水循环中，地球表面的蒸发量同返回地球表面的降水量相等，处于相对平衡状态。在海洋，蒸发量虽然大于降水量，但来自大陆的径流使这部分缺水得到补偿，所以海水量不会减少。在大陆，虽然降水量大于实际蒸发量，但多余的水量形成径流汇入海洋，因此大陆上的水也不会增多。

②时空分布不均匀。水循环中水量的年际变化很明显，一些地区河川径流的丰水、枯水年往往交替出现。一般说，低纬度湿润地区，降雨较多，雨季降水集中，气温较高，蒸发量大，水循环强烈；高纬度地区冰雪覆盖期长，气温低，水循环较弱；而干旱地区降水稀少，蒸发能力大，但实际蒸发量小，水循环微弱。水循环这种不均匀现象造成了洪涝、干旱等多变复杂的水文情势。

③循环速度。据估算，地球上每年参加水循环的总水量平均为 577000 立方千米（折合水深为 1130 毫米），而大气对流层中的水分总量约为 12900 立方千米（折合水深 25 毫米）。这些水分通过蒸发和降水每年平均更换约 45 次，即更新期约 8 天。河川径流的更新期约 16 天，土壤水约 1 年。地球上各种水体在水循环中有不同的更新期。

我国的水循环路径

我国上空的水汽主要来自印度洋的孟加拉湾和南海地区，也来源于西风环流带来的大西洋水汽。强盛的北风带来北冰洋的水汽，鄂霍次克海的水汽随东北风来到东北地区。上述水汽在一定条件下形成大量降水。径流主要通过黑龙江、辽河、海河、黄河、淮河、长江、珠江等水系，浙、闽、台水系及西南诸河水系入海。我国的外流流域约占全国总面积的 64%，即流入太平洋的约占 57%，流入印度洋的约占 6.5%，尚有小部分流入北冰洋，只占 0.5%。

水循环的意义

水循环是自然界物质运动、能量转化和物质循环的重要方式之一，它对自然环境的形成、演化和人类的生存产生巨大的影响：

①直接影响气候变化。通过蒸发进入大气的水汽，是产生云、雨和闪电等现象的主要物质基础。蒸发产生水汽，水汽凝结成雨（冰、雪），吸收或放出大量潜热。空气中的水汽含量直接影响气候的湿润或干燥，调节地面气候。

②改变地表形态。降水形成的径流，冲刷和侵蚀地面，形成沟溪江河；水流搬运大量泥沙，可堆积成冲积平原；渗入地下的水，溶解岩层中的物质，富集盐分，输入大海；易溶解的岩石受到水流强烈侵蚀和溶解作用，可形成岩溶等地貌。

③造成再生资源。水循环造成巨大的、可以重复使用的再生水资源，使人类获得永不枯竭的水源和能源，为一切生物提供不可缺少的水分；大气降水把天空中游离的氮素带到地面，滋养植物；陆地上的径流又把大量的有机质送入海洋，供养海洋生物；而海洋生物又是人类食物和制造肥料的重要来源。当然，水循环所带来的洪水和干旱，也会给人类和生物造成威胁。

水　圈

地球上的水以气态、液态和固态三种形式存在于空中、地表和地下，包括大气水、海水、陆地水（河、湖、沼泽、冰雪、土壤水和地下水），以及生物体内的生物水。这些水不停地运动着和相互联系着，共同构成水圈。我们通常所说的水圈一般是指地球上被冰雪、液态水和水汽所占据而构成的壳层。水圈的上限可视为对流层顶，下限为深层地下水所及的深度。

地球上的海

在水圈中，水的大部分是以液态和固态的形式在地面上聚集在一起的，构成各种水体，如冰川、海洋、河流、湖泊、水库等等。通常情况下，一个水体就是一个完整的生态系统，包括其中的水、悬浮物、溶解物、底质和水生生物等。此时我们也称其为水环境。

全球水的总储藏量约为13.9亿立方千米，其中97.42%是海水，只有2.58%是淡水，而淡水中的约77%是以极地冰帽和高山积雪以及冰川形式存在的。它们在各种存在形态之间和各水体之间不断地转化和循环，形成水的大循环和相对稳定的分配。

生物圈概说

生物圈的组成

地球上所有活着的有机体连同这些有机体相互作用的环境构成生物圈。生物圈不是独立于地球其他圈层的、单纯由某一形态物质所组成的圈层。它是由岩石圈、水文圈和大气圈组成的“交集”。它占有大气圈的底部、水文和岩石圈的上部，厚度约为20千米。实际上生物的大部分个体集中在地表上下约100米的范围内。研究生物圈可以更好地了解我们周围的环境，从而可以更好地利用和改造我们的周边环境，为实现人类的可持续发展提供必要的理论基础。生物圈是最大的生态系统。我们必须明白，人也是生态系统中扮演消费者的一员，人的生存和发展离不开整个生物圈的繁荣。因此，保护生物圈就是保护我们自己。所以，从现在开始，关心爱护你身边的生态环境吧！

物质组成

生物圈，实际上是一个巨大的生态系统，可以称之为全球生态系统。既然是生态系统，它的组成应该包括生物及其环境。对于生物圈来说，岩石、大气和水都是环境的组成部分。从组成物质形式来说，生物圈由有机物质和无机物质组成：生物体为有机物质，作为环境的岩石、大气和水则是无机物质。

元素组成

研究表明，生物体的元素组成成分主要是氢、氧和碳，它们分别占49.8%、24.9%和24.9%，三种元素占到生物有机体的99.6%。此外，还有微量的氮、钙、钾、硅、镁、磷、硫、铝等。

系统组成

从系统学的角度说，生物圈是地球上最大的生态系统。因此，可以说生物圈由许许多多、大小不一的生态系统组成；从大一点的尺度考虑，生物圈由陆地生态系统和海洋生态系统组成。海洋生态系统又由深海生态系统、浅海生态系统、河口与近岸生态系统等组成；陆地生态系统则由森林生态系统、草原生态系统、荒漠生态系统、湖泊生态系统、沼泽生态系统、河流生态系统、冻原生态系统、农业生态系统、城市生态系统等组成。从更小的尺度考虑，这些生态系统又由许多更小的生态系统组成。如森林生态系统包括热带雨林生态系统、亚热带常绿阔叶林生态系统、温带落叶阔叶林生态系统、北方针叶林生态系统等。农业生态系统包括小麦地生态系统、水稻地生态系统、玉米地生态系统等。这些生态系统还可以进一步细分。

生物组成

现代在地球上生存着数量惊人的生物，已经被描述和鉴定过的大约有250万种以上。其中动物约占200万种，植物约占34万种，微生物约占3.47万种。还有许多生物没有加以分类。

过去往往把地球上的生物界分成植物和动物两部分。植物多是自养的、不运动的或是被动运动的；动物是以植物和动物为食的异养生物，能够运动。除去这种简明的划分外，还有许多其他的差异。某些低等生物介于动物和植物之间。例如，眼虫藻在水中作旋转式快速前进，具有动物的特征，但是体内含有叶绿体，能进行光合作用，制造食物，这又是一般植物的特征。这些例外以及其他许多特征使生物学家逐渐放弃这种简单的分类，而把生物分为四大类，即原核微生物、原生生物、后生植物和后生动物。

原核微生物

原核微生物的体形微小，通常需借助显微镜才能看到。它们是一类起源古老、结构简单的最原始的生物类群。有机体多为单细胞的，也有多细胞集合而成的多细胞个体。无论哪一种形式，其细胞内都没有明显的细胞核。这类生物包括细菌和蓝藻等。

细菌是自然界分布最广、数量最多的一类单细胞微生物。形状有球状、杆状和螺旋状三类，分别称为球菌、杆菌和螺旋菌。细菌按其营养方式可划分为异养的、自养的和化学能自养的三类。绝大多数细菌是属于异养的，细胞内不含有叶绿素，靠消耗现成有机物维持其生命活动。

蓝藻又称蓝绿藻，是一类构造简单的绿色自养生物。其适应力极强，几乎在所有水体和湿润陆生环境中都发现有蓝藻。有些甚至出现在极端环境中。例如，冰川表面或80℃的热水泉中。

原生生物

与原核微生物不同，原生生物的细胞结构比较完善。由于有了核膜，细胞中产生了核，因此，原生生物属于真核生物。此外，本类生物的有机体除单细胞个体外，还有由许多细胞联合而成的群体，更有构造比较复杂的多细胞有机体。它们的繁殖方式也已不像原核生物那样主要依靠细胞的直接分裂而增殖，而通过无性生殖和有性生殖来繁衍后代。前者为母体产生的一种小细胞，称为孢子，它可不经过结合而直接发育成与母体相似的个体；后者则为母细胞产生的小细胞，称为配子，其必须经过成对结合形成合子，或产生精、卵细胞，并结合成合子，

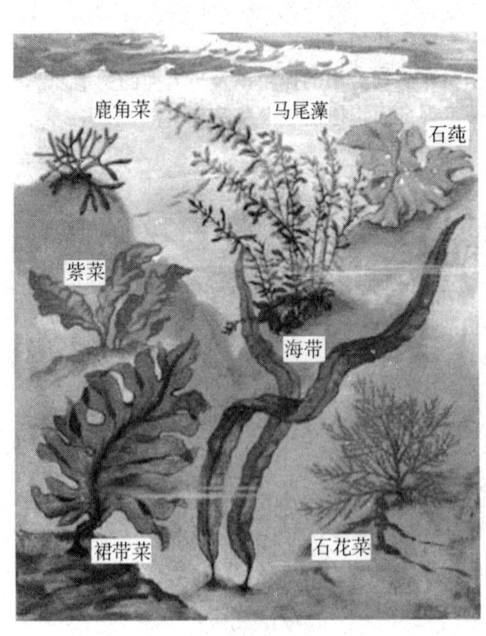

藻　类

由合子发育成新个体。从进化上看，原生生物比原核微生物前进了一大步。原生生物主要分布于水域环境中，陆地上比较潮湿的地方也有它们的踪迹。

原生生物包括的主要门类有藻类、真菌、原生动物等。

后生植物

后生植物包括全部高等植物。有机体都是多细胞的，并有根、茎、叶的分化；大部分体内出现了运输水分和养料的输导组织——维管束；生殖器官也是多细胞的，精卵结合产生的合子在雌性生殖器官中发育，并受到良好的保护。所有这些特征保证和加强了后生植物对环境的适应性能。

由于演化方向不同和营养体结构的明显差异，后生植物可分为两支：一支是苔藓植物，个体很小，一般高度约10厘米左右，有茎和叶的分化，但无真根，体内也无维管束组织，是后生植物比较原始的类型，多分布于陆地的潮湿阴暗的地方。另一支是维管植物，它们的最大特征是体内出现了维管束组织，提高了输导水分和养料的效率，并促使植物体有真正的根、茎、叶分别起固定、支持、运输和进行光合作用的机能，从而使这类植物具有对环境的高度适应能力。维管植物是后生植物中一个很大的类群，它包括蕨类植物、裸子植物和被子植物。

裸子植物

后生动物

后生动物起源于单细胞动物，是由许多细胞构成的多细胞生物。体内的细胞因生理功能的不同发生了分化，形成许多组织，许多组织联合起来具有一定的功能而成为了器官，而多数后生动物的每一种生理功能可能要由许多器官合作来完成，从而又产生了器官系统。如神经系统、消化系统等。因此，后生动物的躯体构造十分复杂。运动是后生动物的一个重要特征，为了觅食、逃避扑食者及寻求配偶，常从一处移动到另一处。后生动物都是异养的，其中一部分依靠植物性食物为生，而另一部分则以动物性食物为生，或二者兼而有之。另外，还有寄生生物。

后生动物种类繁多，形体构造与进化程度差异极大，因此也被划分出许多门类。如海绵动物门、腔肠动物门、棘皮动物门、脊索动物门等等。其中以节肢动物门中的昆虫种类最多，约有 80 万～100 万种，广泛分布于陆地上或水域中。

生物圈

生物圈的概念是由奥地利地质学家休斯在 1375 年首次提出的，是指地球上有生命活动的领域及其居住环境的整体。它包括海平面以上约 10000 米至海平面以下 11000 米处，其中包括大气圈的下层，岩石圈的上层，整个土壤圈和水文。但绝大多数生物通常生存于地球陆地之上和海洋表面之下各约 100 米厚的范围内。

生物圈主要由生命物质、生物生成性物质和生物惰性物质三部分组成。生命物质又称活质，是生物有机体的总和；生物生成性物质是由生命物质所组成的有机矿物质相互作用的生成物，如煤、石油、泥炭和土壤腐殖质等；生物惰性物质是指大气低层的气体、沉积岩、粘土矿物和水。

由此可见，生物圈是一个复杂的、全球性的开放系统，是一个生命物质与非生命物质的自我调节系统。它的形成是生物界与水文、大气圈及岩石圈（土圈）长期相互作用的结果。生物圈存在的基本条件是：

第一，可以获得来自太阳的充足光能。因一切生命活动都需要能量，而其基本来源是太阳能。绿色植物吸收太阳能合成有机物而进入生物循环。

第二，要存在可被生物利用的大量液态水。几乎所有的生物全都含有大量水分，没有水就没有生命。

第三，生物圈内要有适宜生命活动的温度条件，在此温度变化范围内的物质存在气态、液态和固态三种变化。

第四，提供生命物质所需的各种营养元素，包括氧气、二氧化碳、氮、碳元素、钾元素、钙元素、铁元素、硫元素等，它们是生命物质的组成或中介。

总之，地球上有生命存在的地方均属生物圈。生物的生命活动促进了能量流动和物质循环，并引起生物的生命活动发生变化。生物要从环境中取得必需的能量和物质，就得适应环境。环境发生了变化，又反过来推动生物的适应性。这种作用与反作用促进了整个生物界持续不断的变化。

岩石圈概说

岩石圈的组成

固体地球是一个由不同状态与不同物质的同心圈层所组成的球体。由于人们目前还不能直接观察地球内部的结构，通常是通过地震波传播速度的变化来了解地球内部的结构层次。现在发现在地球内部存在着几个波速变化的明显界面。一个位于大陆地区平均 33 千米的地下，纵波速度由 7.6 千米/秒向下突然增加到 8.0 千米/秒，这个界面叫做莫霍洛维奇不连续面，简称莫霍面。另一个面位于地下 2900 千米的地方，纵波速度由 13.32 千米/秒向下突然降低为 8.1 千米/秒，横波至此则完全消失，这个界面称之为古登堡不连续面，简称古登堡面。此外，在地下 10 千米的地方，还存在一个次级的波速变化的不连续面，纵波速度由 6.0 千米/秒向下增加到 6.6 千米/秒，横波速度则由 3.6 千米/秒向下增加到 3.8 千米/秒，这个界面叫做康拉德面。由莫霍面、古登堡面将固体地球划分为地壳、地幔和地核，康拉德面进一步将地壳划分为上地壳和下地壳。固体地球的最外层由固态岩石组成的圈层即为岩石圈。岩石圈包括全部地壳（陆壳和洋壳）和上地幔顶部的橄榄岩层（莫霍面以下，软流圈以上），它是一个力学性质基本一致的刚性整体。岩石圈的结构和性质决定了地球表层的结构与轮廓，并与地球的外部圈层相互作用，构成了地球表层系统。

岩石圈可分为六大板块：欧亚板块、太平洋板块、美洲板块、非洲板块、印度洋板块、南极洲板块。还有一些较小板块镶嵌其间。板块边界有四种类型：海岭洋脊板块发散带、岛孤海沟板块消减带、转换断层带和大陆碰撞带。

岩石圈的物质循环

地表形态的塑造过程是岩石圈物质的循环过程，它们存在的基础是岩石圈三大类岩石——岩浆岩、变质岩和沉积岩的变质转化。

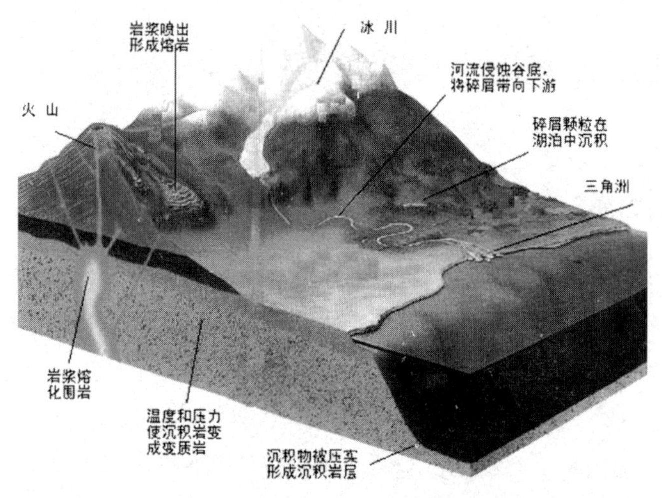

岩浆岩

在地球内部压力作用下，岩浆沿着岩石圈的薄弱地带侵入岩石圈上部或喷出地表，冷却凝固形成岩浆岩。裸露地表的岩浆岩在风吹、雨打、日晒以及生物作用下，组件崩解成为砾石、沙子和泥土。这些碎屑被风、流水等搬运后沉积下来，经过固结成岩作用，形成沉积岩。同时，这些已经生成的岩石，在一定的温度和压力下发生变质作用，形成变质岩。岩石在岩石圈深处或岩石圈以下发生重熔再生作用，又成为新的岩浆。岩浆在一定的条件下再次侵入或喷出地表，形成新的岩浆岩，并与其他岩石一起再次接受外力的风化、侵蚀、搬运和堆积。如此，周而复始，使岩石圈的物质处于不断的循环转化之中。

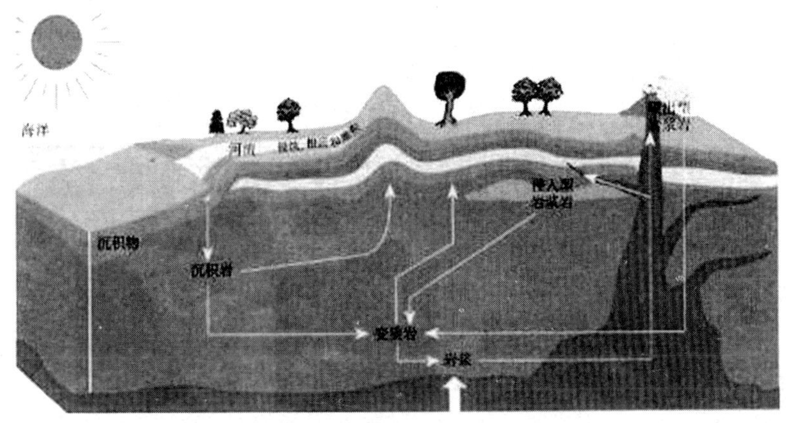

岩石圈的物质循环

我们今天看到的山系和盆地以及流水、冰川、风成地貌等，是岩石圈物质循环在地表留下的痕迹。

岩石圈

由于地壳和上地幔顶部都是由岩石组成的，所以，地质学家们把它们统称为岩石圈。岩石圈厚度不均一，通常认为在大洋中脊处岩石圈厚度接近于零，到大陆下部大约 100～150 千米处。岩石圈厚度和地球的半径比较起来，只是薄薄的一层，几乎可以忽略不计。

早在 1926 年，地震学家古登堡就发现在坚硬的岩石圈下边存在着一个低速带，这个低速带相当于软流圈，深度大约在 100～250 千米。实际上，软流圈并不软。从计算和模拟实验表明，在软流圈中，只有大约 0.5% 的局部地区发生了熔化。但是，因为岩石圈刚性较大，相比之下，软流圈就多少带有一点塑性和流动性。

1910 年，德国气象学家魏格纳提出了大陆漂移学说，到 20 世纪 60 年代，板块构造学说问世。这个学说的实质是岩石圈板块运动学，连续的地震活动带把岩石圈分裂分割成若干大小不同的板块在软流圈上漂移。实际上，不仅大陆板块在漂移，大洋板块也在漂移。科学家们在古气候、古生物、古地磁和深海钻探等很多方面找到了大陆漂移的证据。

岩石圈板块运动与岩石的形成和演化有非常密切的关系。例如，岩浆岩带和变质岩带常分布在板块边缘，而且，板块的类型不同，岩石组合也随之变化；全球现代活火山也主要分布在板块边界上，著名的环太平洋“火山链”是火山活动带，集中了全球三分之二的活火山。同时，火山活动带也是地震活动频繁的地区。

地壳概说

地壳的组成

地壳中的化学元素

在地壳中最多的化学元素是氧，它占总重量的48.6%；其次是硅，占26.3%；以下是铝、铁、钙、钠、钾、镁。丰度最低的是砹和钫。上述八种元素占地壳总重量的98.04%，其余八十多种元素共占1.96%。

地壳中各种化学元素平均含量的原子百分数称为原子克拉克值，地壳中原子数最多的化学元素仍然是氧，其次是硅，氢是第三位。

大约99%以上的生物体是由十种含量较多的化学元素构成的，即氧、碳、氢、氮、钙、磷、氯、硫、钾、钠；镁、铁、锰、铜、锌、硼、钼的含量较少；而硅、铝、镍、镓、氟、钽、锶、硒的含量非常少，被称为微量元素。表明人与地壳在化学元素组成上的某种相关性。

地壳中含量最多的元素是氧，但含量最多的金属元素则要首推铝了。

铝占地壳总量的7.73%，比铁的含量多一倍，大约占地壳中金属元素总量的三分之一。

铝对人类的生产生活有着重大的意义。它的密度很小，导电、导热性能好，延展性也不错，且不易发生氧化作用，它的主要缺点是太软。为了发挥铝的优势，弥补它的不足，故而使用时多将它制成合金。铝合金的强度很高，但重量却比一般钢铁轻得多。它广泛用来制造飞机、火车车厢、轮船、日用品等。由于导电性能好，它又被用来输电。由于它有很好的抗腐蚀性和对光的反射性，因而在太阳能的利用上也一展身手。

地壳中的矿物

石　英

地壳中的化学元素，随着地质作用的变化不断地进行化合和分解，形成各种具有一定物理—化学性质特征的矿物。而矿物又是形成地壳岩石与矿石的基本单位。迄今发现的地壳中的矿物种数已达三千余种。常见的造岩矿物只有十余种，如石英、正长石、斜长石、黑云母、白云母、角闪石、辉石、橄榄石等，这类矿物通常称为造岩矿物。其余属非造岩矿物。按矿物中化学组分的复杂程度可将矿物分成单质矿物和化合物。化合物按与阴离子的结合类型（化学键）划分大类，主要大类有：硫化物（包括砷、锑、铋、碲、硒的化合物）；氧的化合物；卤化物。在各大类中按阴离子或络阴离子种类可将矿物划分类，各类中按矿物结构还可以划分亚类，在亚类中又可以进一步划分部、族和矿物种。

矿物还有一些其他的物理性质，如过渡性元素的矿物（磁铁矿、磁黄铁矿等）常具磁性。某些矿物具磁性是壳幔产生局部磁场的基础，矿物的热导性、热膨胀率、放射性、表面吸附能力等物理性质对矿物的利用价值也有影响。

地壳中岩石的类型

岩石是组成岩石圈的基本单位。岩石类型复杂多样，矿物在地壳中很少单独存在，它们常常组成各种各样的岩石。根据其成因，岩石可以分为三大类：即由岩浆活动所形成的岩浆岩；由外力作用所形成的沉积岩，由变质作用形成的变质岩。

一为岩浆岩，又称大成岩。是岩浆活动过程中，冷却凝固而形成的。岩浆通常是指存在于地下的一种富含挥发性组分的成分复杂的高温硅酸盐熔融物质。其基本组成元素是硅、铝、钙、钠、钾、铁、镁、氢、氧和硫化氢、二氧化碳、氟气、氯气等气体、挥发性物质以及各种金属硫化物和氧化物。岩浆上升后，喷出地表，冷却凝固形成的岩石叫喷出岩；如果未喷出地表而在地下凝固，就形成了侵入岩。侵入岩又按形成时所处的深度分为深成岩和浅成岩。不论深成岩、浅成岩或喷出岩，它们都是直接由岩浆冷却凝固而成的，所以都称为岩浆岩。常见的岩浆岩有花岗岩、闪长岩、流纹岩、安山岩、玄武岩等。

二为沉积岩，沉淀是沉积岩的基本含义。它是在地表条件下，由早已形成的各类岩石的风化剥蚀的产物经搬运、沉积和硬结成岩石作用而形成的成层岩石。虽然它的体积只占地壳总体积的8%，但它却覆盖了陆地面积的75%。浅海和大洋深处也广泛分布着沉积岩和尚未成岩的沉积物。当流水和其他动力把风化而来的碎屑物质带进湖泊海洋以及其他低洼地方之后，在各种固结成岩的因素作用下，原来松散和碎屑物质变成了坚硬的岩石，这种沉积岩叫做碎屑岩。当大陆地形比较平坦时，河流搬运能力减小，流入湖泊海洋里的碎屑物质减少而以各种胶体溶液和真溶液为主，便产生化学沉积，形成了沉积岩中的另一重要类型——化学岩。沉积岩的主要特征是在岩层内部或岩层之间表现出粗细不匀、颜色不一，呈现出成层更替现象，称为层理，并且沉积中含有各种动植物化石。常见的沉积岩有砰岩、砂岩、页岩、灰岩等。

三为变质岩，各种生成的岩石，无论是岩浆岩或沉积岩如果遇到新的条件，如受到地壳压力的影响或者受到岩浆高温的影响，或者受到从岩浆中分

沉积岩

异出来的化学性活泼的热气热液的影响，就会改变原来岩石的成分、结构和构造而形成一种新的岩石，称为变质岩。

变质岩和未变质以前相比，可以归纳为以下三点变化。一是岩石在高温作用下，使矿物内部质点活动能力增强，促使它们重新排列，这种作用叫重结晶作用。大部分变质岩都是重结晶的岩石。二是在一定压力作用下，矿物常常在垂直压力的方向上重结晶、拉长、变形，于是矿物产生定向排列的构造，总称片理构造。三是原来岩石受到岩浆分异出来的热气、热液作用发生新的化学反应产生新的矿物或特有矿物。所以，变质岩是重结晶的合并，是往往具有片理构造的新矿物成分的岩石。常见的变质岩有大理岩、板岩、片岩等。

地　壳

地壳是由岩石组成的固体外壳，地球固体圈层的最外层，岩石圈的重要组成部分。其底界为莫霍面。整个地壳平均厚度约 17 千米，其中大陆地壳厚度较大，平均为 33 千米。高山、高原地区地壳更厚，最高可达 70 千米；平原、盆地地壳相对较薄。大洋地壳则远比大陆地壳薄，厚度只有几千米。地壳分为上下两层。上层化学成分以氧、硅、铝为主，平均化学组成与花岗岩相似，称为花岗岩层，亦有人称之为“硅铝层”。此层在海洋底部很薄，尤其是在大洋盆底地区，太平洋中部甚至缺失，是不连续圈层。下层富含硅和镁，平均化学组成与玄武岩相似，称为玄武岩层，所以有人称之为“硅镁层”（另一种说法，整个地壳都是硅铝层，因为地壳下层的铝含量仍超过镁；而地幔上部的岩石部分镁含量极高，所以称为硅镁层）；在大陆和海洋均有分布，是连续圈层。两层以康拉德不连续面隔开。

地幔概说

上地幔

即B层（莫霍面至670千米），曾称榴辉岩圈。物质成分除硅、氧外，铁、镁显著增加，平均密度3.8克/厘米^3，温度为400℃～3000℃，物质状态属固态结晶质，但具较大的塑性；地震波的P波速度约为8.10千米/秒，S波速度约为4.7千米/秒。

下地幔

即D层（670～2885千米），曾称硫氧化物圈。物质成分主要为硅酸盐，此外还有金属氧化物与硫化物，特别是铁、镍显著增加，平均密度5.7克/厘米^3，温度约1850℃～4400℃，物质状态属固态。化学作用向深处逐渐减弱，以致很难进行，放射性物质含量很低。

地　幔

地壳下面是地球的中间层，叫做“地幔”，厚度约2865千米，主要由致密的造岩物质构成，这是地球内部体积最大、质量最大的一层。地幔又可分成上地幔和下地幔两层。

地幔和地壳的分界面是莫霍面，地幔和地核的分界面是古登堡面。

探测地幔的最有力的工具是监测来自世界各地的地震波。地震时会产生两种不同的地震波：P 波（纵波）和 S 波（横波）。这两种波都是穿越地球内部的体波，它们分别对应于地震波通过岩石时产生的物理特性，纵波与声波相似，速度比横波快。横波与抖动的绳子产生的波形相似，即横波通过时岩石的震动方向与波的传播方向垂直。像光波一样，当穿越不同密度的岩石边界时，地震波也会发生反射和折射。利用这些特性，我们就可以对地球内部成像进行探测。

我们用于探测地幔的方法足以与医生检查病人的超声波照影媲美。经过一个世纪对地震数据的收集，我们已经有能力制作令人印象深刻的地幔图。

2007 年 3 月，科学家利用近地表石油和天然气勘探的成像技术，绘制出了地球深部核幔边界构造的高解析度三维图像。这次绘图使用了世界各地一千多个地震台站记录的数千次地震的数据。这些数据使科学家能够分辨有关核幔边界构造的细节，这些构造反映出复杂的下地幔结构，这是先前从未见过的，也是第一次估计出核幔边界附近的温度大约为 3700℃。

地核概说

地核温度

随着深度的增加，地球内部是以什么样的比率逐渐变热的呢？地球中心的温度有多高？回答这些问题是很重要的，因为这将有助于了解地球是如何形成的以及放射性物质在地球内部是如何分布的。我们也能依此很好地估计太阳系和其他星球内部的温度，并对它们有更多了解。

我们知道，当不断向地球深处挖掘时，温度会不断升高。从矿山以及温泉和火山的存在，我们可以得出这样的结论。地球内部也必定存在一个足够大的能量源来引发地震。对地核温度的合理估计为 4000℃ ~6000℃，但不幸的是目前还没有一个肯定的结论。然而我们对地球内部其他一些特征确实有

火　山

了一定的了解。数年来，科学家们一直在研究地球内部由地震所引起的并以弯曲路径传播的震动波。通过研究这些波的路径，我们可以确定在不同深度地球密度的增加情况。

在我们所能往下钻探的范围内，地球皆由岩石组成，其密度并未随深度出现明显的增加。明显大于岩石密度的物质是金属，而最常见的金属是铁。因此，地质学家们确信，地球有一个被岩石“幔”所围的铁“核”。

我们知道，某些地震波能够穿过固体物质，但不能通过液体。由于这些波能够穿过地幔而不能穿过地核，所以地质学家们由此认为，地温随深度增加不断升高，地幔虽然可能稍微变软了一些，但仍为固态。铁核则为液态。

这并不令人惊讶。在通常条件下，岩石在2000℃左右熔化，而铁则在1500℃就开始熔化。显然，一个不能使岩石熔化的温度却足以使铁核熔化。

然而，仅仅这些还不能告诉我们在核－幔边界处温度有多高。岩石和铁的熔点随压力增大而增高，而压力随深度也逐渐升高（当深层岩石随火山喷发被抬升时，由于压力降底，其熔点也变低。火山喷出的流体状岩石称为“熔岩”）。

越向地核深入，压力会不断增加，铁的熔点也会不断增高。事实上，铁的熔点似乎比温度上升得要快。这样，在地球最中心的75英里范围内，铁核变为固态的“内核”。压力已使铁的熔点变得非常高，以至于不断升高的温度也不能熔化内核。

如果我们知道岩石和铁的熔点是如何随压力而升高的，我们就会知道在地幔与地核的边界处能熔化铁而不能熔化岩石的确切温度。我们也会知道外核与内核边界处的温度，因为它就是这个压力条件下铁的熔点。岩石和铁的熔点以前仅能在远小于地球深处压力的条件下测定，所以很难估计深处温度。

在上个世纪，科学家发明了一种新技术，用它可在短时间内形成非常高的温度和压力，并可进行测量。用它可测量出比以前能测量出的压力高 10 – 12 倍条件下的熔点。用此技术进行测定的结果表明，在地幔和外核之间的压力条件下，铁的熔点为 4500℃；而在外核与内核之间，铁在 7300℃时才开始熔化。

当然，科学家们并不认为地核完全由铁组成，应该还有其他元素，特别是硫。它们可使地核的熔点降低 1000℃。因此，科学家们估计地核外部边界的温度为 3500℃，内核外部边界的温度为 6300℃，而地球正中心的温度高达 6600℃。

这比我们曾经想象的温度要高。现已证明，地球中心要比太阳表面温度高 1000℃。

地　核

地核是地球的核心部分，主要由铁、镍元素组成，半径为 3480 千米。地核又分为外地核、过渡层、内地核三部分。外地核的物质为液态，内地核现在科学家认为是固态结构。

外地核深 2900 ~ 5000 千米，内地核深 5100 ~ 6371 千米。

外地核的厚度为 1742 千米，平均密度约 10.5 克/厘米^3，物质呈液态。过渡层的厚度只有 515 千米，物质处于由液态向固态过渡状态。内地核厚度 1216 千米，主要成分是以铁、镍为主的重金属，所以又称铁镍核。

地核的总质量占整个地球质量的 31.5%，体积占整个地球的 16.2%。地核的体积比太阳系中的火星还要大。由于地核处于地球的最深部位，受到的压力比地壳和地幔部分要大得多。在外地核部分，压力已达到 136 万个大气压，到了核心部分便增加到 360 万个大气压了。

这样大的压力，我们在地球表面是很难想象的。科学家作过一次试验，在每平方厘米承受 1770 吨压力的情况下，最坚硬的金刚石会变得像黄油那样柔软。

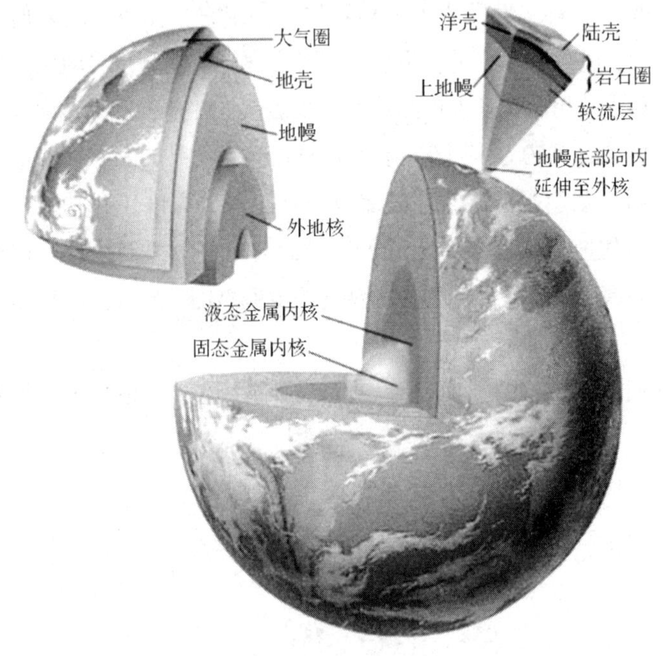

地　核

地核内部不仅压力大，而且温度也很高，估计可高达4000℃～6000℃。在这种高温、高压和高密度的情况下，我们平常所说的“固态”或“液态”概念，已经不适用了。因为地核内的物质既具有钢铁那样的“钢性”，又具有像白蜡、沥青那样的“柔性”（可塑性）。这种物质不仅比钢铁还坚硬十几倍，而且还能慢慢变形而不会断裂。

地核内部这些特殊情况，即使在实验室里也很难模拟，所以人们对它了解得还很少。但有一点科学家是深信不疑的：地球内部是一个极不平静的世界，地球内部的各种物质始终处于不停息的运动之中。有的科学家认为，地球内部各层次的物质不仅有水平方向的局部流动，而且还有上下之间的对流运动，只不过这种对流的速度很小，每年仅移动1厘米左右。有的科学家还推测，地核内部的物质可能受到太阳和月亮的引力而发生有节奏的震动。

地质年代

DIZHI NIANDAI

地质年代是地壳上不同年代的岩石在形成过程中的时间和顺序。人们根据地层的顺序、生物演化阶段、地壳运动和岩石的年龄等地壳的演化史，把地球的历史分为太古代、元古代、古生代、中生代、新生代五个代，每个代又分为若干个纪。人们把组成地壳的全部地层代表的时代，总称为地质年代。

太古代概说

太古代一般指距今46亿年前地球形成到25亿年前原核生物（包括细菌和蓝藻）普遍出现的一段地质时期。“太古代”一词1872年由美国地质学家达纳所创用。

当时形成的地层叫“太古界”，代表符号为“Ar”。主要由片麻岩、花岗岩等组成，富含金、银、铁等矿产，构成各大陆地壳的核心。太古代地层主要分布在澳大利亚、非洲、南美的东北部、加拿大、芬兰、斯堪的那维亚等地；我国辽东半岛、山东半岛和山西等地，亦有太古代地层露出。

太古代时期地质特点

太古代时期地质特点有以下几点：

1. 薄而活动的原始地壳：根据资料分析，原始地壳的部分可能更接近于上地幔。硅铝质和硅镁质尚未进行较完全的分异，因此太古代时期的地壳是很薄的，也没有现在这样坚固复杂。由于地球内部放射性物质衰变反映较为强烈，地壳深处的融熔岩浆，不时从地壳深处，沿断裂涌出，形成岩浆岩和火山喷发。当时到处可见火山喷发的壮观景象。因此我们现在从太古代地层中，普遍可见火山岩系。

2. 深浅多变的广阔海洋中散布少数孤岛：当时地球的表面，还是海洋占有绝对优势，陆地面积相对较少，海洋中散布着孤零的海岛，地壳处于十分活跃状态，海洋也因强烈的升降运动，而变得深浅多变。陆地上也有多次岩浆喷发和侵入，使上面局部地区固结硬化，使地壳慢慢向稳定方向发展，因此太古代晚期形成了稳定基底地块——“陆核”。陆核出现，标志地球有了真正的地壳。

3. 富有二氧化碳，缺少氧气的水体和大气圈：太古代地球表面，虽然已经形成了岩石圈、水圈和大气圈，但那时的地壳表面，大部分被海水覆盖，由于大量火山喷发，放出大量的二氧化碳，同时又没有植物进行光合作用，海水和大气中含有大量的二氧化碳，而缺少氧气。大气中的二氧化碳随着降水，又进入到海洋，因此海洋中碳酸浓度增大。岩浆活动和火山喷发的同时，带来大量的铁质，有可能被具有较强的溶解能力的降水和地表水溶解后带入海洋。含碳酸高浓度海水同时具有较大的溶解能力和搬运能力，因此可将低价铁源源不断地搬运至深海区，这就是为什么太古代铁矿石占世界总储量60%，矿石质量好，并且在深海中也能富集成矿的原因。

地壳运动

地壳运动是一种由内营力引起地壳结构改变、地壳内部物质变位的构造运动。通常所说的地壳运动，实际上是指岩石圈相对于软流圈以下的地球内部的运动。岩石圈下面有一层容易发生塑性变形的较软的地层，同硬壳状表层不相同，这就是软流圈。软流圈之上的硬壳状表层包括地壳和上地幔顶部。地壳同上地幔顶部紧密结合形成岩石圈，可以在软流圈之上运动。地壳运动可以引起岩石圈的演变，促使大陆、洋底的增生和消亡；并形成海沟和山脉；同时还导致发生地震、火山爆发等。

地壳运动与地球内部物质的运动紧密相连，它们可以导致地球重力场和地磁场的改变，因而研究地壳运动将可提供地球内部组成、结构、状态以及演化历史的种种信息。测量地壳运动的形变速率，对于估计工程建筑的稳定性、地震预测等都是很重要的手段，对于反演地应力场也是一个重要依据。

元古代概说

元古代是指紧接在太古代之后的一个地质年代。一般指距今 24 亿年前到 5.7 亿年前这一段地质时期。这一时期形成的地层叫元古界，代表符号为“Pt”。“元古代”的意思，就是原始时代。

元古代的岩石变质程度较浅，并有一部分未变质的沉积岩。主要有板岩、大理岩、千枚岩、白云岩、石灰岩、页岩、砂岩和冰碛层等。由蓝藻等形成的叠层石非常丰富。藻类和菌类开始繁盛，晚期出现了埃迪卡拉动物群。我国的元古代地层广泛分布于南北各地。

埃迪卡拉动物群

叠层石

元古代时期地质特点

元古代早期，浅变质的板岩、千枚岩及大理岩广泛分布。特别是碳酸盐类岩石的大量出现，说明大气成分中的氧和二氧化碳都有增高，主要是因为藻类植物的种类和数量已经增加，元古代又称为菌藻植物时代。另外，元古代早期火山活动相当频繁。

元古代后期，有不少地区（如燕山地区）出现了许多变质轻微的岩层。在生物圈中，藻类相当繁荣。这些情况表明，地壳上的一些地段已经相当稳定，出现了陆壳加厚的“地台”。

到元古代晚期，即震旦纪（距今6亿~8亿年）的时候，我国大陆范围内已出现好几块陆地（岛），成为今后大陆扩大的基础。那时的长江流域处于高纬度附近，还有北美洲、亚洲的部分地区，以及南美南端、澳大利亚东南和新西兰等地。元古代晚期，盖层沉积继续增厚，火山活动大为减弱。

知识点

沉积岩

沉积岩，又称为水成岩，是三种组成地球岩石圈的主要岩石之一（另外两种是岩浆岩和变质岩）。沉积岩是在地表不太深的地方，将其他岩石的风化产物和一些火山喷发物，经过水流或冰川的搬运、沉积、成岩作用形成的岩石。在地球地表，有70%的岩石是沉积岩，但如果从地球表面到16千米深的整个岩石圈算，沉积岩只占5%。沉积岩主要包括有石灰岩、砂岩、页岩等。沉积岩中所含有的矿产，占世界矿产蕴藏量的80%。

古生代概说

古生代约开始于5.7亿年前，结束于2.3亿年前。古生代共有六个纪，一般分为早、晚古生代。早古生代包括寒武纪（5.4亿年前）、奥陶纪（5亿年前）和志留纪（4.35 亿年前），晚古生代包括泥盆纪（4.05 亿年前）、石炭纪（3.55 亿年前）和二叠纪（2.95 亿年前）。

早古生代是海生无脊椎动物的发展时代，如寒武纪的节肢动物三叶虫、奥陶纪的笔石和头足类等。最早的脊椎动物无颚鱼也在奥陶纪出现。植物以水生菌藻类为主，志留纪末期出现裸蕨植物。在晚古生代，脊椎动物开始在陆地生活。鱼类在泥盆纪大量繁衍，并向原始两栖类演化。石炭纪和二叠纪时，两栖类和爬行类已占主要地位。植物也进入依靠孢子繁殖的蕨类大发展时期，石炭纪和二叠纪因有蕨类森林而成为地质历史上的重要成煤期。

古生代的地壳运动和气候变化深刻影响自然环境的发展。早古生代的地壳运动在欧洲称加里东运动，在美洲称太康运动，在中国又称广西运动。此时古北美、古欧洲、古亚洲、冈瓦纳古陆及古太平洋、古地中海都已形成。晚古生代地壳运动在欧洲称海西（华力西）运动，在北美称阿勒盖尼运动，在中国又称天山运动。经过古生代地壳运动，世界许多巨大的褶皱山系出现，南方的冈瓦纳古陆和北方的劳亚古陆联合在一起，形成泛古陆（联合古陆）。晚古生代在冈瓦纳古陆发生了大规模的冰川作用，大冰盖分布于古南纬 60°以内的今南非、阿根廷等地，该冰川作用期即地质历史上的石炭—二叠纪大冰期。古生代的地层总称古生界。

淡水无颚鱼

古生代的划分

前面已经介绍，古生代共有六个纪，一般分为早、晚古生代。早古生代包括寒武纪、奥陶纪和志留纪，晚古生代包括泥盆纪、石炭纪和二叠纪。

寒武纪是地质历史划分中属显生宙古生代的第一个纪，距今约 5.4 亿至

5.1 亿年，寒武纪是现代生物的开始阶段，是地球上现代生命开始出现、发展的时期。寒武纪对我们来说是十分遥远而陌生的，这个时期的地球大陆特征完全不同于今天。寒武纪常被称为“三叶虫的时代”，这是因为寒武纪岩石中保存有比其他类群丰富的矿化的三叶虫硬壳。但澄江动物群告诉我们，现在地球上生活的多种多样的动物门类在寒武纪开始不久就几乎同时出现。

三叶虫化石

奥陶纪是古生代的第二个纪，开始于距今 5 亿年，延续了 6500 万年。

志留纪是早古生代的最后一个纪，也是古生代第三个纪。本纪始于距今 4.35 亿年，延续了 2500 万年。由于志留系在波罗的海哥德兰岛上发育较好，因此曾一度被称为哥德兰系。志留纪可分早、中、晚三个世。志留系三分性质比较显著。一般说来，早志留纪到处形成海侵，中志留纪海侵达到顶峰，晚志留纪各地有不同程度的海退和陆地上升，表现了一个巨大的海侵旋回。志留纪晚期，地壳运动强烈，古大西洋闭合，一些板块间发生碰撞，导致一些地槽褶皱升起，古地理面貌巨变，大陆面积显著扩大，生物界也发生了巨大的演变，这一切都标志着地壳历史发展到了转折时期。

泥盆纪是古生代的第四个纪，约开始于 4.05 亿年前，结束于 3.5 亿年前，持续约 5000 万年。泥盆纪分为早、中、晚三个世，地层相应地分为下、中、上三个统。

早期裸蕨繁茂，中期以后，蕨类和原始裸子植物出现。无脊椎动物除珊瑚、腕足类和层孔虫（腔肠动物门，水螅虫纲的一个目）等继续繁盛外，还出现了原始的菊石（属软体动物门，头足纲的一个亚纲）和昆虫。脊椎动物中鱼类（包括甲胄鱼、盾皮鱼、总鳍鱼等）空前发展，故泥盆纪又有“鱼类时代”之称。晚期甲胄鱼趋于绝灭，原始两栖类（迷齿类，亦称坚头类）开始出现。

石炭纪是古生代的第五个纪，开始于距今约3.55亿年至2.95亿年，延续了6000万年。石炭纪时陆地面积不断增加，陆生生物空前发展。当时气候温暖、湿润，沼泽遍布。大陆上出现了大规模的森林，给煤的形成创造了有利条件。

甲胄鱼类

二叠纪是古生代的最后一个纪，也是重要的成煤期。二叠纪分为早二叠世、中二叠世和晚二叠世。二叠纪开始于距今约2.95亿年，延至2.5亿年，共经历了4500万年。二叠纪的地壳运动比较活跃，古板块间的相对运动加剧，世界范围内的许多地槽封闭并陆续地形成褶皱山系，古板块间逐渐拼接形成联合古大陆（泛大陆）。陆地面积的进一步扩大，海洋范围的缩小，自然地理环境的变化，促进了生物界的重要演化，预示着生物发展史上一个新时期的到来。

古生代的地质运动

古生代地壳发展日趋稳定，加里东运动以后，世界绝大部分地槽回返褶皱。古生代末期海西运动后，世界范围内仅剩下两在地槽与两在古陆对立形势，地球在这时的南北分异较为明显。古地理发展的海陆配置，这时也发生较大变化，初步建立了现时地貌轮廓。生物的演替，经过了几次飞跃，植物与动物都先后征服了大陆，高等生物发育繁衍。该期主要地质事件有：

1. 从海洋占绝对优势到陆地面积不断扩大。

前古生代，地球上出现不少古陆，但多为一些地槽海所分隔，在元古代褶皱回返的地槽，到古生代时又重新下陷，形成广阔的地台浅海，因此早古生代时，地球仍然是汪洋泽土，海洋占有绝对优势。早古生代，特别是志留纪末期的地壳运动，称为加里东运动。这次运动后，加里东地槽全部回返褶皱，另一些地槽也部分发生褶皱回返，如蒙古地槽北缘的阿尔泰——萨彦岭地区；阿巴拉契亚地槽的北段和南段的一部分；塔斯马尼亚地槽的南段等。地槽褶皱回返转化为地台以后，由于活动区转化为稳定区，不但大地构造性质发生变化，而且隆起上升，由海洋成为陆地，所以加里东运动后，世界陆地面积便不断扩大了。

2. 南升北降地壳发展形势到北方大陆联合南方大陆开始解体。

经过了加里东运动以后，一些地槽回返褶皱上升为陆地。但到了晚古生代，有些地区又开始下沉，成为地台浅海，因此世界总的形势仍然是南升北降，南方为大致连在一起的冈瓦纳古陆；北方除加拿大与欧洲连起来以外，其余地区仍为地槽海与地台浅海所分割。但是到了晚古生代后期，由于海西运动，世界大部分地槽回返上升，世界范围内只有横亘东西的古地中海地槽和环太平洋地槽还是海洋外，其余均隆起为陆地，于是北方古陆联合为一体，称为劳亚古陆。被古地中海所隔的南方冈瓦纳古陆，却开始解体，印非之间被海水所侵成为中生代大陆全面漂移所发生的前奏。

3. 地壳发展由活动趋向稳定，形成两在地槽与南北古陆对立形势。

发生在古生代，尤其是在二叠纪所发生的海西运动，其影响要远比加里东运动大得多。通过这次运动，世界绝大多数地槽全部回返上升。如西欧地槽、乌拉尔地槽、阿巴拉契亚地槽、塔斯马尼亚地槽等均转化为地台。上述地槽约有大部分位于北半球，因此经过海西运动后，世界范围内地壳发展日趋稳定，出现许多年轻地台，开始了两在地槽与两大古陆的对立形势，结束了地槽占优势的历史。

4. 北方发育广大煤田，南方冰雪晶莹。

海西阶段，地壳运动频繁，海槽相继隆起，陆地面积不断扩大，陆地森林繁茂，尤其是沼泽地带，更适合一些进化不很完全的植物生长，再加上石炭—二叠纪气候湿润，因此植物大量繁衍。那时的北半球呈现出绿树成荫，森林繁茂的景观。又因地壳运动频繁，海陆多变，陆地长好的植物，常为海水覆盖，不久又上升为陆地，继续繁衍成森林，这种环境，恰为成煤创造了良好条件，因此，石炭纪、二叠纪是北半球最主要的成煤时期。

晚古生代的冈瓦纳古陆，虽然在印非之间下沉，海水内侵，却仍高高隆起，出现自震旦冰期以来的又一次大冰期——石炭—二叠冰期。冰川活动持续5000万年，冰盖面积仅巴西境内就超过400万平千米。这次冰期正好位于当时南极周围，冰川中心厚，呈放射状向四周围扩散，应属极地大陆冰盖类型。这次冰积物现在的分布位置，恰在非洲南部、印度半岛、南美的东缘。如果将这些大陆拼合，便恢复了大陆漂移前的状况，为大陆漂移说提供了有力的证据。

5. 中国地壳处于北升南降，北方稳定南方活跃的发展形势。

元古代中国北方形成的古陆，到早古生代仍在不断扩大。中奥陶纪以后，华北整体上升，形成华北陆台，并与西部塔里木古陆，东北、朝鲜连成一片陆地，称为中朝陆台。

南方受加里东运动的影响，陆地面积也在不断扩大，志留纪末期，是加里东构造阶段最剧烈的时期，南方大部分为广西运动。这次运动使湘、桂、赣边的南岭地区上升，位于江南古陆与康滇古陆之间的上杨子海上升形成上杨子古陆，并与江南古陆、康滇古陆联成陆地。这时江浙一带的华夏海岛，也成为华夏古陆。加里东运动后，我国西部的天山、昆仑山、祁连山、秦岭、大小兴安岭及喜马拉雅地区仍处于活动海槽。中国地壳北升南降的形势，早古生代就已形成。

早元古代我国北方形成的阿拉善古陆、晋陕古陆、胶东古陆，在早古生代初期仍下沉为地台浅海，至中奥陶纪后，才与华北大陆整体上升。以上说明早古生代整个北方多处于稳定的地台阶段，沉积了稳定的地台浅海沉积，以石灰岩为主，岩层厚度多在数十米以内，而华南则沉积了厚度较大的碎屑岩系，反映了地壳运动较为活跃的特点。因此，早古生代中国地壳发展显示了北方稳定南方活跃的特点。

晚古生代中国与世界一样，陆地面积进一步扩大，北升南降，北方稳定南方活跃的形势空前发展，中国初步奠定了现时地貌轮廓。

在华北、东北、南中地区，从晚奥陶纪就已上升为陆地以来，沉积间断了一亿数千万年之久，到了中石炭纪，地壳才发生沉降，出现多次短暂的海侵。这种时海、时陆的海陆交互作用，最有利于成煤。因此华北煤田，主要形成于中、上石炭纪及早二叠纪，如本溪组、太原组、山西组等这些古生代的地层中，均广泛分布煤田。至晚二叠纪时，又全部隆起成陆，沉积了陆相地层，一直延续至今，这样华北及东北南部便结束了海侵历史。新生代虽然沿海有几次海侵，但与过去相比，规模小、时间短，是微不足道的。

在华南，早古生代末的广西运动（加里东）对该区的影响：很多地区在早泥盆纪上升为陆地，但到中晚泥盆纪时，一些地区复又被海水覆盖。当晚二叠纪的北方，已是一片陆地之时，而南方的半壁河山，仍在海洋之中。由于地壳活跃，火山喷发，流出的火山岩——峨眉玄武岩散布在大半个西南地区。由于海陆交替频繁，有利煤田形成。

在中国北部、西北部，原来分布好几条大地槽，沉积了厚至一二万米碎屑岩和火山岩。由于受晚古生代末海西运动的影响，天山、昆仑、祁连、秦岭、阿尔泰、兴安岭等地槽，都相继褶皱隆起。

上述我国经过晚古生代海西运动后，华北、西北、东北以及华南部分，已连成广阔的大陆，我国大陆只有西藏、西南和华南部分地区及东北乌苏里江口等地区有海水存在。所以说，晚古生代，或者海西构造阶段，是海洋向陆地转化的重大变革时期，也是中国出现大陆占优势的时代。同时经过了海西运动后，地势起伏，分异显著，山盆相间的景观，也开始出现。山盆的出现阻隔了气流自由流通，同时陆地增多，气候由湿润而转为干燥。这一方面使生物界受到一次严峻考验，另一方面也促进了生物的演化。为中生代生物大飞跃，提供了条件。

古生代中国的矿产资源

古生代是世界，也是我国的重要成矿期。

铁矿：我国西北祁连山寒武纪变质岩中，与火山岩有关的“镜铁山式”铁矿；华北中奥陶纪石灰侵蚀面之上“山西式”铁矿等，均具有工业价值。

磷矿：产于寒武纪的“昆阳式”矿磷是一种较丰富的磷矿床。分布在云南、四川、湘西等地。

锰矿：是我国又一个含锰地层，如广西的“桂平式”矿体属于上泥盆纪地层中。湖南、广西、江西、皖南等省中下二叠纪顶部有一套岩层称为当冲组的，是重要属锰层位。

铝土矿：华北平原中奥陶纪侵蚀面之上的G层铝土层，具有重要价值。

煤矿：石炭—二叠纪是我国主要成煤时代，北方产在石炭纪及早二叠纪地层中，南方则主要产在晚二叠纪地层中。北方主要产煤地层有本溪组、太原组、山西组，如开滦、淮南、平顶山、淄博、本溪、焦作、太原、大同等煤田。南方主要产煤地层有石炭纪浏水组，晚二叠纪龙法组（乐平、斗岭、梁山为同一时代），如洪山殿、牛马司、乐平、斗岭山等煤矿。

煤

古生代主要生物

在早古生代海洋里生活着门类众多的生物，植物界以海藻为主，动物界出现了三叶虫和珊瑚、腕足类等。三叶虫是一种节肢动物，寒武纪是三叶虫的全盛时代。到奥陶纪时出现了软体动物门的头足纲，主要生物门类还有笔石、腕足类、三叶虫等。最值得注意的是在志留纪中期出现了脊椎动物——鱼类和最早的陆生植物。

海洋生物

寒武纪：藻类、海绵、腕足动物、海林檎、三叶虫。

奥陶纪：藻类、海绵、珊瑚、腕足动物、海林檎、海百合、海蕾、海星、三叶虫。

志留纪：藻类、海绵、珊瑚、腕足动物、海百合、海蕾、海星、三叶虫、鹦鹉螺。

泥盆纪：藻类、海绵、珊瑚、腕足动物、海林檎、海百合、海蕾、海星、三叶虫、鳞木、鹦鹉螺。

石炭纪：藻类、海绵、珊瑚、腕足动物、海林檎、海百合、海蕾、海星、三叶虫、鲨鱼、鳞木、鹦鹉螺。

二叠纪：藻类、海绵、珊瑚、海百合、三叶虫、鲨鱼、鳞木、鹦鹉螺。

陆生植物

志留纪早期维管植物出现；早、中泥盆纪为早期维管植物的时代，前裸子植物则刚刚出现；晚泥盆纪和早石炭纪以石松纲和楔叶纲为主，真蕨纲、前裸子植物和种子蕨植物次之；晚石炭纪和早二叠纪苏铁和银杏刚刚出现；到晚二叠纪，厚囊蕨目繁盛，薄囊蕨目增多，科达目植物亦多，松柏目和银杏目植物增多，进入到裸子植物的时代。

中生代概说

中生代，显生宙第二个代，晚于古生代，早于新生代。这一时期形成的地层称中生界。中生代名称是由英国地质学家菲利普斯于1841年首先提出来的，是表示这个时代的生物具有古生代和新生代之间的中间性质。地质年代的第四个代，约开始于2.3亿年前，结束于6700万年前。按先后次序可分三叠纪、侏罗纪和白垩纪三个纪。

中生代的生物演化最为特殊，主要是爬行动物到中生代成了当时最繁荣昌盛的脊椎动物。进入中生代，由于森林茂盛，植食性爬行动物得以迅速繁衍和进化，同时也产生出一些肉食爬行动物种类。它们形态各异，各成系统，霸占一方，到处是“龙”，不仅陆上出现大型爬行动物，有一些还重回海洋，如鱼龙、蛇颈龙等；而另一些则能在空中活动，如飞龙、喙嘴龙、翼手龙等，所以中生代曾被称为爬行类时代，有时人们也称之为“恐龙时代”。而鸟类、有袋类和有胎盘的哺乳动物也开始发生。在无脊椎动物中，软体动物中的菊石类最为繁盛，因此，中生代又被称为菊石时代。此外，箭石、腹足类和瓣鳃类等其他软体动物也颇有发展，逐渐显示现代种类的初步面貌。植物以裸子植物的苏铁、银杏为最繁盛，所以中生代又称为裸子植物时代，但后期已有被子植物出现，至白垩纪后期更为显著。中生代后期的地壳运动，对生物的演化产生了巨大影响，许多种类（特别是恐龙）趋于绝灭。

中生代世界

中生代的划分

中生代包括三叠纪、侏罗纪和白垩纪。

三叠纪：地质年代中生代的第一个纪。德国地质学家研究了阿尔卑斯山的地层，发现这一时期的沉积物，明显地分为上、中、下三部分，分别代表本纪早、中、晚三个世的时代，故称为三叠纪。约开始于 2.3 亿年前，结束于 1.95 亿年前。无脊椎动物以菊石类、瓣鳃类为主，脊椎动物中的爬行动物开始发展。在我国云南禄丰三叠纪末期的地层中，曾发现有兽齿类卞氏兽化石。裸子植物松柏、苏铁和蕨类植物繁盛。

侏罗纪：地质年代中生代的第二个纪。“侏罗”一词来自法国、瑞士边境的侏罗山。开始于 1.95 亿年前，结束于 1.37 亿年前。本纪陆上的真蕨、苏铁和棵子植物针叶树繁盛，大型爬行动物恐龙繁盛，故称恐龙时代。后期原始鸟类发生，海中无脊椎动物和爬行动物鱼龙和蛇颈龙等也极为繁盛。

恐龙时代

白垩纪：地质年代中生代的第三个纪，也是中生代最后一纪。白垩一词来自欧洲西海岸白垩沉积层。开始于1.37亿年前，结束于6.7万年前。恐龙历盛而衰；被子植物出现，硬骨鱼类和软体动物繁盛。本纪末，恐龙等均绝灭，标志着中生代结束。白垩纪晚期，被子植物大为增多，鸟类和高等哺乳类陆续出现。

中生代的板块运动

古生代时的盘古大陆分裂成南北两片。北部大陆开始分为北美和欧亚大陆，但是没有完全分开。南部大陆开始分为南美、非洲、澳洲和南极洲，只有澳洲没有和南极洲完全分裂。

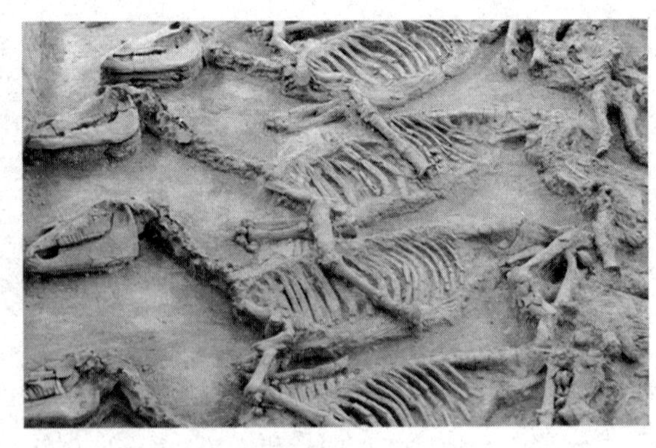

恐龙化石

古生代末期，联合古陆的形成，使全球陆地面积扩大，陆相沉积分布广泛。中生代中、晚期，联合古陆逐渐解体和新大洋形成，至中生代末，形成欧亚、北美、南美、非洲、澳大利亚、南极洲和印度等独立陆块，并在其间相隔太平洋、大西洋、印度洋和北极海。

中生代中、晚期，各板块漂移加速，在具有缓冲带的洋、陆壳的接触带上缓冲、挤压，导致著名的燕山运动（或称太平洋运动），形成规模宏大的环太平洋岩浆岩带、地体增生带和多种内生金属、非金属矿带。中生代气候总体处于温暖状态，通常只有热带、亚热带和温带的差异。

中生代末发生了白垩纪灭绝事件，50%的生物灭绝，包括所有的恐龙。大多学者认为有一颗彗星撞击地球，引起特大气候变化，很多动物，尤其是冷血动物，无法适应低温而灭绝。可是为何当时鳄鱼一类的冷血动物却存活，还是无可解答。

中生代的哺乳动物

中生代时，存在一些哺乳动物，有些是后来猴类的祖先，也就是现在人类的祖先。

距今大约5亿7千万年前，地球开始进入漫长的寒武纪，它标志着原生代的结束与古生代生命大爆发的到来。寒武纪时代大致可分为前寒武期与晚寒武期，它几乎横跨了原古代晚期和古生代早期。整个古生代从晚寒武纪开始，当中经历了奥陶纪、志留纪、泥盆纪跟石炭纪，至二叠纪整整持续了将近三亿两千七百万年左右的时间。志留纪时期，脊椎动物已经初步进化完成。这时候的地球物种还是以水中生命为主，它们仍然主宰着河流与海洋。其中以三叶虫、头甲鱼、奇虾、雷蝎和翼鲎（hòu）大行其道。自然它们之间“相互依存”，也起始了最早的大自然“食物链”作用。而这时的陆地除了裸蕨植物以外，仍是一片荒凉寂静。

数千万年时间过去了，随着泥盆纪的终结，地球进入了石炭纪。在此前相当漫长的岁月里，植物已经进化到了树木的形式，由于不存在食草动物，地面上出现了大片制造氧气的森林。昔日生活在志留纪水域中的头甲鱼身上所长具有强有力支撑作用的鳍，现在已完全进化为能够在陆地爬行的四肢，并且已经进化出肺脏。成为第一个能够自水中成功爬向陆地享用新鲜氧气的原始两栖动物——海纳螈。这种海纳螈便是此后时至今日三亿年时间所有陆生动物的共同原祖。时间继续到了大约2.5亿年前的二叠纪末，地球物种遭受了一次空前的大灭绝，几乎85%的海洋生物和70%的陆地生物在这个时候毁灭了，这是一场规模超过6500万年前终结灭绝的大屠杀。我们人类今天通过化石而特别熟知和了解的三叶虫也在这次大灭绝中覆亡了。

海纳螈

地球上的一批物种灭绝往往也是为了迎接下一批高级物种的到来。时空继续穿梭到了三叠纪，这时候的地球已经跨入了中生代。相比昔日（古生代二叠纪）它更充满着勃勃生机。在古海洋，凶猛的食肉性萨斯特鱼龙正捕食着其他海洋猎物，对于它来说，三叠纪的海洋成了它的“免费餐厅”。在整个中生代约占70%的大部分时间，它一直担任着海洋中的重要角色。这时候不存在四大洋。陆地则是由今天世界七大洲全部相连整合在一块的完整联合古陆。加斯马吐龙（生活于三叠纪初，一种庞大的水陆两栖动物，食肉类，为现代鳄鱼和美洲鳄的最早祖先）这时正在河流中隐隐守候着，等待随时吞食过往河边喝水的动物。在这块泛大陆北部，一支庞大的水龙兽族群正缓缓向南迁徙。这是一种似哺乳爬行类，它们看上去很像三千万年后才出现的恐龙，但是与恐龙不同的是这些早期的类似哺乳爬行动物和我们人类的直系祖先——哺乳动物反而更加接近一些，它们与蜥蜴和鳄鱼的关系反倒不是那么密切。当然，它是包括人类在内现代哺乳动物的远亲，由二叠纪时期的穴居动物二齿兽进化而来，在二叠纪物种大灭绝时，它因其个体小和具有顽强的生命力加上前肢擅长掘土打洞，从而躲过了那次灾难并且存活了下来。在三叠纪初期它的数量远远超过了任何一个物种。但它并非是地球的霸主。因为体积过大和繁衍过快，陆地上有限的裸子植物已无法满足其庞大族群的需求，加上其他食肉动物的不断骚扰，它必然要退出中生代舞台，被别的物种取而代之。

在森林深处，似乎一个并不起眼的物种注定将要彻底改变未来地球上生物的面貌，并开启一个新的爬行动物时代，为一个有史以来最强盛“帝国”的诞生奠定基石。这个时候正是距今2亿4千万年左右。在我们今天的南非密布着广阔的丛林，那儿是食肉动物和食草动物的天堂。在这里，一种身高

恐龙家族

不到一尺、能后腿站立奔跑、速度敏捷，专以捕杀昆虫为食的小型食肉类——新巴士鳄正繁忙活跃于丛林的各个角落，它发达腿部的髋骨使其具有超强的跳跃能力，既可以准确有效地掠捕飞行中的蜻蜓或各类昆虫，也能够以闪电般的奔跑速度轻易避开食肉天敌的威胁。这就带来了爬行动物身上从未有过的优势。因小巧的身体加上灵敏不凡的“身手”，让它成为密林中无可比拟的捕食冠军。然而谁也不会想到，在这个早期三叠纪丛林里到处奔跑掠食的小家伙会在未来3700多万年后主宰整个世界，并称霸地球的陆地、天空和海洋。它们就是我们人类今天熟知的中生代地球霸主——恐龙。后世恐龙家族中的王牌杀手霸王龙，还有素食性巨无霸梁龙、腕龙，以及各种大型蜥脚类爬行动物都由当初这个身高不足一尺的小精灵新巴士鳄进化而来。它就是恐龙共同的祖先。

时光这时继续穿过三叠纪，进入大约2亿年前的早侏罗纪。自此，“龙行天下”的时代已经开始了。从早侏罗纪一直到晚白垩纪的1亿4千万年时间(这几乎是人类在地球上生存时间的150倍)，地球一直是“龙的天下”。爬行动物统治着陆地、天空和海洋，它们自由穿行无阻，如入无人之境。因为它是当时世界的霸主。就如今天我们人类在地球上的地位一样，属于大地骄子、地球的王者。除了发生重大自然灾难，几乎不可能让它退出地球舞台，更没有机会出现能够替代它的物种。这个时期被称之为爬行动物的黄金时代，也称为——恐龙时代。在那个“龙的世界”里，没有其他任何物种的发展余地和空间，早期哺乳类动物为了自身安全只能生活在地洞里，往往到了夜间才能偷偷摸出来找食物吃。在中生代的侏罗纪，地球的气候条件极其温暖潮湿，一年当中没有四季的概念，只有旱季跟雨季，古大陆板块已经由当初相接拼凑在一块的超大古陆而逐步分裂飘移，并形成了最初四大洋的雏形。中生代的气候条件特别适应植物生长。侏罗纪中晚期，地球上广泛覆盖着极其茂盛的裸子植物和蕨类。这也是素食性恐龙丰盛的食物天堂。每年雨季来临之前，生活在今天南美洲的喙嘴翼手龙都会飞越大西洋来到今天的法国西海岸寻找它的异性进行交配。这时候的大西洋只有300千米宽，雄性翼龙在飞越大洋的途中，会不时地贴近海面啄食海水中跳跃的鱼类来补充体力，而且随时存在被恐怖的海洋杀手海王龙吞食的危险。在飞达目的地时，翼手龙已是精疲力竭。往往要休息一个多星期才会去寻觅自己的配偶。

雷 龙

时间大约又划过了将近7000万年，地球到了白垩纪时代，陆地上仍不断上演着“弱肉强食”的活剧，两只凶残的霸王龙这时候正在相互争夺撕咬着一头伪君龙。这是今天人们最熟知的白垩纪冷血杀手。由于它超大的体积与强有力颌骨的锋利嚼齿，被它一口咬下的食物相当于现在一整头强壮公猪的体积分量。然而并非所有的食草恐龙都会成为霸王龙的“盘中餐”，其中体积巨大超过20多米的雷龙、南极龙和盘足龙就是例外，因为它们身躯庞大，无惧食肉性恐龙的威胁。霸王龙同样也奈何不了甲龙、剑龙和三角龙。

白垩纪晚期的地球气候已较先前恶劣，由于长年干旱，使得大批植类死亡。食草恐龙因为无法找到足够的食物充饥而导致数量锐减。随着素食恐龙的大批消亡，自然食肉恐龙也就断了食物来源。然而“水满则溢，月满则亏”，世间万物一旦发展到顶峰，再往前便是下坡路了。恐龙家族在这个时候已经走到了尽头。大地仿佛预示着未来的某一个时期将会重演一回二叠纪末的“大屠杀”的剧目。大约在距今6500万年前，一颗名为“尤卡坦”直径约1千米的小行星撞击在了今天的墨西哥境内。几万颗原子弹威力的爆炸在顷刻间发生。这场“天地大冲撞”毁灭了地球上许多生命，也结束了恐龙时代。

变色龙

但恐龙并非完全灭绝，有相当一部分恐龙因为其体形小巧便于藏身，加上它们对环境具有极强的适应能力，从而躲过了那场浩劫，并且一直存活到现在。今天，这些小恐龙仍然生活在我们周围，并且与我们人类朝夕相处。它们就是翱翔在蓝天的各种鸟类以及茂密丛林中的伪装高手变色龙，还有栖息在我们卧室墙壁、天花板上的小型蜥蜴科目——壁虎。

中生代中国地史概况

中国的地理位置，东靠古太平洋，南邻古特提斯海，恰好夹在环太平洋和古特提斯海两大活动地带的中间，所以中国中生代构造运动和岩浆活动的规模和强度，是古生代以来任何时期无法比拟的。中生代除受印支运动影响外，还受到燕山运动极为强烈的影响。燕山运动大体又可分为三期，一期在中、晚侏罗纪，一期在侏罗、白垩纪间，最后一期在白垩纪末。

由于这些运动，中生代中国地质构造和古地理轮廓都发生了巨大的变化，归纳其特征大致如下：

1. 印支运动结束南海北陆的局面，中国基本形成大陆环境。三叠纪初期，中国华南地区仍然为海水所占据，形成南海北陆的形势。三叠纪中、晚期，即印支运动期，扬子地台与华北地台之间、扬子地台与塔里木地台之间，形成印支褶皱带，互相对接在一起。向西又与巴颜喀喇和三江、滇西的广大印支褶皱区相连。故印支运动期以后，中国和亚洲的主要部分已全部固结，欧亚古大陆主体最终形成。到侏罗纪，在中国只有在西藏、青海南部、两广沿海以及东北乌苏里江下游等处仍有海侵。到白垩纪亦大致如此，只有在西南边陲还有海侵，特提斯海淹没了西藏地区，还在新疆喀什地区伸进了一个狭长的海湾，在台湾地区也发现过早白垩世的菊石和海相双壳类化石。除此之外，可以说在印支运动以后，从侏罗纪开始中国已经基本结束了南海北陆的分布格局，南北东西形成一片宽广的大陆环境。

2. 燕山运动期从南北分异转向东西分异。印支运动以后，中国大部分地区处于大陆环境，新形成的古昆仑山、古秦岭横贯大陆东西，对于分隔南北古气候产生一定影响。但在中国东部地区，沿着 NNE－SSW 方向，即从大兴安岭—太行山—武陵山一线东西两侧，显示出更为明显的分异现象。该线以西出现大型稳定内陆盆地，如北方的鄂尔多斯盆地（亦称陕甘宁盆地）和川鄂盆地，该线以东则属于环太平洋强烈的地壳构造运动和岩浆活动带，形成一系列新华夏小型裂谷盆地群，从北方的大兴安岭、内蒙古、燕山地区，到南方的闽浙沿海，在侏罗纪和白垩纪有多次大规模的火山喷发活动。越是靠近东部，其活动亦愈强烈。同时，形成 NNE 或 NE 向褶皱断裂山地，以及众多斜列的隆起和凹陷。所有这些都是燕山运动的反应，也是太平洋板块向中国大陆板块俯冲的结果。与此相反，鄂尔多斯盆地和川鄂盆地不仅面积大，拗陷幅度大，沉积了巨厚的陆相碎屑岩，而且岩浆活动和构造运动也十分微弱，东西分异形成明显的反差。

在上述大大小小盆地里，特别是在侏罗纪，形成了许多煤层；在一些盆地中还形成石油、天然气和油页岩，在松辽平原的白垩系中，石油尤为丰富。

3. 大规模的岩浆侵入和喷发活动。三叠纪末期，在秦岭、川西、长江下游、藏北等地区，都有印支期岩浆侵入活动。特别是伴随着燕山运动，在靠近太平洋的东部，从北到南，如大兴安岭、燕山地区、山东半岛、浙江、福建等地，都有大规模的中酸性火山喷发活动，形成安山岩、流纹岩及火山碎屑岩，厚度可达一二千米到三四千米以上。同时，还有大规模的中酸性岩浆侵入活动，形成所谓燕山期花岗岩，并生成了多种有价值的内生金属矿产。

4. 西部地区古生代褶皱带强烈上升。中国西部地区各古生代褶皱山脉，如天山、阿尔泰山、祁连山、昆仑山等，在燕山运动中都重新活动，强烈上升，并出现了准噶尔、塔里木等大型盆地。在盆地和山前拗陷盆地中堆积了厚达四五千米以上的陆相中生界地层，其中经常含有煤层和各种矿产。至于中国西南地区，如藏北、滇西、川西一带，也分别在印支期和燕山期褶皱隆起。喀喇昆仑山脉、念青唐古拉山脉、横断山脉都是这时形成的。

总之，印支运动特别是燕山运动影响范围甚广，几乎遍及全国。目前中国的地质构造轮廓和地貌基础，基本上是燕山运动阶段形成的。到了中生代后期，在中国已经是山脉纵横、盆地罗列，火山活动此起彼伏，只有西藏和喜马拉雅山一带以及台湾地区，仍然是碧波浩瀚的海水。

中国中生代矿产

中生代地层中含有种类繁多的矿产，其中价值最大的是可燃性矿产、盐类和金属矿产，在我国占相当重要地位。

金属矿产

(1) 沉积型金属矿产在川东、鄂西中三叠纪（巴东组）和四川下三叠纪（飞仙关组）砂页岩中有含铜砂岩；云南白垩纪红层中也有含铜砂岩矿床，品位高，规模大，易于开采和冶炼。在四川、湖北、甘肃、新疆等侏罗纪含煤地层中常夹有沉积铁矿层，其中四川的铁矿层位属上三叠纪，以湖相成因的菱铁矿、赤铁矿为主，称綦江式铁矿。

(2) 与岩浆活动有关的矿产在我国东部，由于印支期，特别是燕山期花岗岩侵入的影响，形成有名的金属成矿带。尤其是在我国东南、华南形成了钨、锡、钼、铜、铅、锌、砷、锑、汞等重要金属矿产，其中钨、锑等储量居世界首位。在藏北有印支期基性、超基性岩体，形成铜、镍等矿产。在湖北、安徽等省，燕山期花岗岩与石灰岩接触，还形成了不少接触矿床。如湖北大冶、安徽当涂和铜官山等地的铁矿、铜矿、黄铁矿等，其中大冶铁矿储量丰富，称大冶式铁矿。在东南地区，燕山期有大量酸性喷发岩（如流纹岩），经水热变质形成了明矾石、萤石、叶蜡石、陶土等重要非金属矿产，其中以浙江平阳明矾石矿最为著名。

可燃性矿产

（1）煤　由于中生代出现了许多盆地，加以侏罗纪气候温暖湿润，所以侏罗纪是一次重要聚煤期。在南方晚三叠纪也是重要的聚煤期。从成煤时期来看，大约从西南向东北有渐新的现象。如云南——平浪组、江西安源组煤系、长江流域（如四川）的含煤地层属上三叠纪；华北则以下、中侏罗纪为主，如山西大同，河北下花园，北京门头沟，山东坊子，辽西北票，内蒙古石拐沟以及鄂尔多斯盆地的神府、东胜、华亭等；东北北部如鸡西、鹤岗等地以及辽宁阜新含煤层为上侏罗纪；东北和内蒙古还形成了许多下白垩纪大型煤田。此外，在天山、祁连山等两侧及陕西等地，也有许多煤田（如新疆吐鲁番，甘肃酒泉、阿干镇、窑街，陕西铜川等），层位相当下、中侏罗纪，其中新疆哈密大南湖煤田单层煤厚度达 182 米。

提油机正从地下提取石油

(2) 石油、天然气和油页岩中生代的大型盆地，如鄂尔多斯盆地、柴达木盆地、准噶尔盆地等，形成许多重要的油气田，含油层位为上三叠纪和侏罗系；而在东北著名的大庆油田，含油层位则为上白垩纪。四川盆地也有油气田，含油气层位为海相下、中三叠纪。

在四川、陕北等地侏罗系中常有油页岩发育。油页岩是在侏罗纪潮湿气候还原条件下的内陆盆地或湖沼中由大量有机物堆积而成的，往往与煤共生。

岩盐、石膏

四川盆地是有名的井盐产地。含盐卤水产于嘉陵江组上部和巴东组（黑卤）以及自流井群、沙溪庙组（黄卤），一般认为大部分属于埋藏水。当三叠纪后期，因印支运动海水逐渐退出，在一些地区残留了海水并经强烈蒸发，矿化度增大，后又被泥沙掩埋而保存于地层之中。卤水除制盐外，还可提取钾、溴、碘等。在云南的上三叠纪（禄丰组）中也含有盐。在江西上白垩纪红色岩层中也找到大盐矿。

石膏产于四川中三叠纪（雷口坡组或巴东组）中；最近在江苏宁镇山脉中、上三叠纪之间（青龙组之上，黄马青组之下）也发现有厚几百米的石膏层，其成因可能与印支运动引起海退所形成的残余海水沉积有关。

爬行动物

爬行动物属于脊椎动物亚门。它们的身体构造和生理机能比两栖类动物更能适应陆地生活环境。身体已明显分为头、颈、躯干、四肢和尾部。颈部较发达，可以灵活转动，增加了捕食能力，能更充分发挥头部眼等感觉器官的功能。爬行动物的骨骼发达，对于支持身体、保护内脏和增强运动能力都提供了条件。用肺呼吸，心脏由两心耳和分隔不完全的两心室构成，逐步向把动脉血和静脉血分隔开的方向进化。大脑结构比两栖类动物有了进一步发展，感觉器官也增加了复杂程度，功能进一步增强。

新生代概说

新生代是地球历史上最新的一个地质时代，它从6400万年前开始一直持续到今天。随着恐龙的灭绝，中生代结束，新生代开始。新生代一般被分为2个纪——古近纪和新近纪和7个世——古新世、始新世、渐新世、中新世、上新世、更新世和全新世。

这一时期形成的地层称新生界。新生代以哺乳动物和被子植物的高度繁盛为特征，由于生物界逐渐呈现了现代的面貌，故名新生代（现代生物的时代）。

新生代的地质特点

新生代开始时，地球上的海、陆分布比现代大，古欧亚大陆比现代小；古中国和古印度为古地中海所隔，古土耳其和古波斯为古地中海中的岛屿，这些陆块尚未与古欧亚大陆连接；红海尚未形成，古阿拉伯半岛是古非洲的一角；古南美洲和古北美洲相距遥远，而古北美洲与古欧亚大陆接近，有时相连。

新生代开始后，地表各个陆块此升彼降，不断分裂，缓慢漂移，相撞接合，逐渐形成今天的海陆分布。印度与亚洲大陆结合发生在距今5000万年前的始新世；喜马拉雅山耸起则是最近200万－300万年的事；与此同时或稍早，欧洲升起了阿尔卑斯山，美洲升起了落基山。

古近纪气候较此前的冷，晚始新世和渐新世南极大陆出现小型冰盖，中新世中期那里形成的冰盖已相当于现代的2/3，更新世初北半球出现格陵兰冰盖，其后200万年间曾有多次冰期，冰川曾见于几个大陆。

新生代的划分

新生代时地球的面貌逐渐接近现代，植被带分化日趋明显，哺乳动物、鸟类、真骨鱼和昆虫一起统治了地球。新生代可划分为第三纪和第四纪，第三纪又可分为老第三纪和新第三纪。

第三纪可划分为古新世、始新世、渐新世、中新世和上新世。

古新世、始新世和渐新世合称老第三纪，老第三纪一直延续到2500万年前。那时的植被以森林为主，大地上漫步着一类巨大的食肉鸟类——不飞鸟，海洋中则以巨大的有孔虫为特征。哺乳动物中有很多现在已经灭绝的类群，旧大陆有踝节目、钝脚目、恐角目、裂齿目、肉齿目和奇蹄目的早期种类雷兽、古兽、跑犀和两栖犀等，新大陆有焦兽目、异蹄目和闪兽目等。还有很多现存哺乳动物的祖先类型也可以追溯到这时，如始祖马、始祖象等。新第三纪包括中新世和上新世，当时海洋中大型的有孔虫已经灭绝，六射珊瑚大量发展，形成大型珊瑚礁。陆地上则开始出现大草原，适应以禾草为食的新型食草动物开始繁盛，大地的面貌更加接近现在。新第三纪时的动物种类是历史上最多的。各种犀牛和古象等在这时候达到全盛，森林中还有各种古猿。

第四纪可划分为更新世和全新世，开始于大约 200 万或 300 万年前，具体时间并未确定，现在也是第四纪。第四纪有两件大事，一件是发生大规模的冰期，一件是人类和现代动物的出现。更新世大约就是全球范围出现冰川作用的时期，又有“冰川时代”之称，冰期和间冰期不断交替，对应气候寒冷和温暖时期的交替。没有冰川的地区，则有潮湿和干旱时期的交替，称为“洪积期”和“间洪积期”，更新世又称“洪积世”。亚马孙广袤的热带雨林在干旱时期曾经退缩成岛状。更新世时动植物受到巨大的影响，许多现在的动物地理和植物地理现象皆源于此，而在我国南方动物群则一直比较稳定，大熊猫—剑齿象动物群持续了很长时间。在大约一万年前最后一次冰川消退之后，地球就进入了全新世，或称“冰后期”，又称“冲积世”。全新世开始时人类进入农业文明时期，对自然的影响日趋扩大。

北京猿人生活场景图

新生代开始时，中生代占统治地位的爬行动物大部分绝灭，繁盛的裸子植物迅速衰退，为哺乳动物大发展和被子植物的极度繁盛所取代。因此，新生代称为哺乳动物时代或被子植物时代。哺乳动物的进一步演化，适应于各种生态环境，分化为许多门类。到第三纪后期出现了最高等动物——原始人类。原始人类起源于亚洲或非洲。

新生代的地质运动

新生代地壳发展主要方面由活动趋向稳定，大地构造轮廓和古地貌逐步接近现代状况，从活动区发展来看具有明显的三个阶段。

(1) 第一阶段：第三纪早期欧洲阿尔卑斯山部分地区，亚平宁山、喜马拉雅山地区，地壳还处于活动状态，表现为横亘东西的大海槽——古地中海(特提斯) 地槽。

环太平洋地槽，紧靠中生代褶皱带外侧（太平洋一侧），还在不断下陷，处于非常活跃的地槽阶段，以及相邻的大陆（西欧、俄罗斯南部、非洲北部、北美东部）等明显下沉引起全球性的海侵。因此，早第三纪海侵是新生代以来最大的一次海侵。

(2) 第二阶段：第三纪晚期和第三纪末。古地中海强烈褶皱返回，横亘东西的山脉取代了昔日的海洋，从北非的阿特斯、欧洲的比利牛斯、阿尔卑斯、喀尔巴仟，东延至高加索、喜马拉雅，成为地球上最年轻的山系。第三纪末，喜马拉雅山就已高出海面 5000 米了。残存的地中海及东南亚一带仍为海槽。

(3) 第三阶段：喜山运动后第四纪以来。喜马拉雅地区继续上升，成为世界最高峰，青藏高原也因喜山上升而隆起，南带至今仍处于活动状态。

环太平洋地槽内带不断隆起，安第斯山继续隆起，东北也相继上升，活动区推移至现在的海沟，西太平洋群岛进一步发展，台湾脱水而出。

新生代的矿产资源

新生代的矿产主要有第三纪红色盆地的膏盐、油气和煤。例如湖南盐井的盐和石膏、乌克兰钾盐。第四纪主要是现代盐湖（西北、内蒙古等盐湖）及砂矿、金刚石、砂金、金红石等砂矿床。此外有海岛上的鸟粪磷矿床。

知识点

中国现代构造及地貌的形成

我国现代构造和地貌，晚古生代海西运动后已初步形成轮廓，中生代燕山运动以后基本奠定基础，喜山运动则完成了现时构造和地貌轮廓。

1. 第三纪喜山运动以前，我国大陆轮廓就已基本形成山川交错、盆地相间的地理景观。西北地区形成大型盆地，如塔里木、准噶尔、柴达木等盆地。东部地区由于大陆与洋壳的挤压，产生北东—南西；北北东—南南西的山系。隆起区仍继续上升，下陷盆地仍在下降，第三纪沉积物，厚度可达5000米以上，例如洞庭盆地。

青藏高原

2. 第三纪末的喜山运动，喜马拉雅海槽上升为5000米以上的山地，台湾也脱水而出。至此，基本造就了我国现时地貌轮廓。同时喜山运动，伴随大量的火山喷发。

3. 喜山运动后，地壳发展进入第四纪时，新构造运动表现仍十分强烈。

（1）在地貌上，山脉隆起、盆地下沉的地貌景观得到加强。青藏高原跃居为世界屋脊，珠穆朗玛峰成为世界第一高峰。根据有些资料，西藏高原、云贵高原，第四纪以来上升了1~2千米以上，喜马拉雅山上升了3000米以上。盆地下降，如华北平原第四纪下降达1000米以上，沿海地区最多的曾发生七次海侵。我国洞庭凹陷下降也在100米以上。太平洋西部南海珊瑚岛礁厚度也达200米以上。

（2）由于升降运动伴随的断裂运动，西藏高原周围断裂分割，使高原抬升。天山、祁连山、秦岭等地，因升降成为高山，山岭之间相对下降形成河谷或湖泊。

地貌概说

DIMAO GAISHUO

地貌即地球表面各种形态的总称，它在地理学上也叫地形。地貌多种多样，成因也不尽相同，它是内、外力地质作用对地壳综合作用的结果。内力地质作用造成了地表的起伏，控制了海陆分布的轮廓及山地、高原、盆地和平原的地域配置，决定了地貌的构造格架。而外营力（流水、风力、太阳辐射能、大气和生物的生长和活动）地质作用，通过多种方式，对地壳表层物质不断进行风化、剥蚀、搬运和堆积，从而形成了现代地面的各种形态。一部地貌的变迁简史，也就是一部地球的成长史。本章地貌讲叙的是整个地球的地貌，部分涉及中国地貌，营造中国地貌的外动力主要有流水、冰川、冻融、风、海水等，它们直接或间接深受气候的支配。

群山与丘陵

绵绵群山

连绵不绝的群山是我们地球上最具吸引力的地貌景观。那巍峨的雄姿，磅礴的气势，令多少文人墨客为之讴歌，为之感叹！至于那秀丽的黄山、巍峨的泰山、险峻的华山、飘逸的庐山更令人叹为观止，为之倾倒。高山给人们启迪，同时也给人们带来了无数色彩斑斓的猜想和难以穷尽的奥秘。当我们面对夕阳西下时黑沉沉的山影，我们不禁会问：这绵绵群山是怎样形成的？

假若我们把一座大山像切西瓜一样拦腰切开，就可以发现许多令我们惊愕的东西。首先，我们可以看到它是由一层层厚薄不同的岩石组成的；而这些层状岩石或被扭来扭去成波浪状；或像刀切一样齐刷刷断开；保持水平状态的也有，但很少。更令人吃惊的是在这些岩石中可以发现许多海洋生物死亡后形成的化石。这些化石形象逼真、活灵活现，十分漂亮。这些现象表明：现在是高山的地方，过去曾经是海洋。我国南宋时期的朱熹曾说：波涛使大地发生不停息的震荡，并使海陆发生永不休止的变动，结果有些地方突然有山岳升起，有些地方却变成河川，人畜完全毁灭，古代的痕迹完全消失了。这就是人们所说的“洪荒之世”。

喜马拉雅山

海洋怎样变成高山呢？在西方国家，曾有人提出收缩成因说。他们认为地球在冷凝收缩过程中就像一只苹果渐渐因失水而发皱一样，形成高山和海洋。而有的人则认为是地球膨胀的结果，地球膨胀时，地表受挤压而褶皱形成山系。

其实，高山的形成一点也不神秘。高山形成之前，在一片汪洋大海里沉积了一层层厚厚的砂泥等物质。这个过程很长很长，它不能用我们日常生活中的几年来认算，甚至可达数百万年。这些物质聚积后，又经历相当长的时间，变成层状岩石。这时，原来的大海或已变成陆地，或仍然处于一片海水之中。在某个时候，这个地区受到来自水平方向的挤压或垂直方向的抬升，就像几张大饼叠在一起，我们用手一挤，便会拱起来一样，原来层状的岩石就会出现弯曲而形成波浪状，从而使原来水平的地貌变成有高有低的山地。一般来说，高山的形成主要与水平方向的挤压作用有关，垂直方向的升降不是主要的。若受到水平方向的挤压力太大，层状岩石就会破裂，出现齐刷刷的断裂。其实，我们的地球上就有许多各种方向的断裂存在，有大有小，大者可达数千千米长，小者仅有数厘米。美国西海岸沿太平洋一侧有一条著名的大断裂——圣安德烈斯大断裂，它现在仍然在活动。我国境内西起安徽庐江，经山东郯城，到黑龙江人俄罗斯境内，也有一条长一千多千米的大断裂，名叫郯庐大断裂。这些大断裂分布的地区常是地震活动较频繁的地区。现在，人们对高山的形成有大致相同的看法，但迷惑人们的是，从哪里来了那么大的水平挤压力。有人认为它来自地球的自我转动，转动的结果产生水平方向的作用力。后来，地质学家们发现地球的表层是在不停漂移的，且可以分成几个不同的块体，各块体之间或相互靠近碰撞，或相互远离。当两个块体碰撞时，便会产生很大的挤压力，从而形成山脉。像我国的喜马拉雅山脉，地质学家们认为就是由欧亚板块和印度板块相互靠近碰撞挤压而形成的。

山脉的连成不是一夜之间就能完成的，它是一个漫长的过程，而且具有分期性。也就是说，分布在各地的大山脉并不是同时形成的，有年龄大小之分。有的形成早，有的形成晚。在某一个时期，形成地球上的某些山脉多另一个时期，又形成另一些山脉。地质学家们把某一个形成山脉的时期称为“造山期”，或称为“旋回”，或称为“运动”，并分别给予命名。一般来说，一个大的造山期会影响到全球。在造山期内，是地球表层活动最剧烈的时期，除了有高大的山脉形成外，常伴随有全球性的火山活动，甚至带来海平面和气候变化。我国地质学家根据对中国有关地质特征的研究，同时和国际进行全球对比，把我国32亿年来的主要造山期分为九个。其中最近的一次距今仅有0.25亿年。前五个名为造山期，实际上并没有山脉形成；山脉的形成可以说是距今7亿年以来的事。我国所有的山脉都有其形成年龄，不过有的经受数次造山期的叠加作用，而不是一次造山期的产物。其中华南地区的主要山脉都是形成于距今3.2亿年的造山运动，这次运动人们称“加里东运动”。在这次运动之前，华南为一片汪洋，受这次造山运动的影响，华南海域解体，出现一系列山系，不过这些山系都受到了霜期造山运动的叠加。昆仑—秦岭山脉及祁连山主要形成于距今 3.7 亿年到 2.7 亿年间，历经了两次连续的造山期。秦岭山脉在距今 1.9 亿年左右时又受到一次大的造山期的叠加。大兴安岭主要形成于距今 2.7 亿年左右。天山山脉在 5 亿年前就开始形成，后经历了历次造山期的重复作用。念青—唐古拉山脉则主要形成于距今 0.8 亿年左右。而喜马拉雅山脉则是从 1.9 亿年开始，直到现在仍然在活动增高的活动山脉。在世界上，欧洲著名的阿尔卑斯山山脉也是 3 亿年来形成的，美国西部落基山脉是 1.5 亿年左右形成的。它们分别和中国的华南主要山脉及秦岭、祁连山脉形成的时间相当。

山脉形成后并不是固定不变了，它还要受两种因素的破坏和改造。第一种因素是以后的造山期的叠加作用，由于后来的造山作用发生在早期形成的山脉的基础上，所以，它常破坏了早期山脉的完整性，使之变得支离破碎，或产生大的断裂，局部抬升变得更高，形成险峻的高山；而有的地方下降，由高山变为小丘陵。第二种因素是风吹日晒、流水冲刷等对山体的破坏，它的作用虽然缓慢，但天长日久，也会改变山的模样，使之变得或秀丽俊美，或普通平常。许多风景秀丽的名山大川都是由这两种后期因素综合作用的结果。

念青—唐古拉山脉

连绵丘陵

丘陵是陆地上起伏和缓、连绵不断的高地。它的海拔高度一般在 200 米以上，500 米以下。孤立存在的叫丘，群丘相连的叫丘陵。丘陵一般都比较破碎低矮，没有明显的脉络，顶部浑圆，坡度较缓和，它是山地久经侵蚀的产物。

在地貌演变过程中，丘陵是山地向平原过渡的中间阶段。从地形的位置来看，丘陵一般多分布于山地或高原与平原的过渡地带，但也有少数丘陵出现于大片平原之中。从气候成因上分析，多雨地区的丘陵多于少雨地区。连绵起伏的丘陵，好像一个个安放在大地上的巨型馒头。

丘 陵

丘陵在陆地上的分布很广泛。在欧亚大陆和南北美洲，都有成片的丘陵地带。在北美洲，阿巴拉契亚山和五大湖之间有一片丘陵地。在南美洲，亚马孙平原与巴西高原的交接地带，分布着大片的丘陵。在欧洲，法国的东部从朱拉山以西起，到德国的慕尼黑、法兰克福一带都是丘陵地带。我国也是一个多丘陵的国家，全国丘陵面积有 100 万平方千米，占全国总面积的十分之一。

我国的丘陵自北至南主要有辽西丘陵、淮阳丘陵和江南丘陵等。黄土高原上有黄土丘陵，长江中下游河段以南有江南丘陵，辽东、山东两半岛上的丘陵分布也很广。东南丘陵位于我国东南部，包括江南丘陵、浙闽丘陵、两广丘陵等，面积最大。

丘陵地区降水量较充沛，适合各种经济林木和果树的栽培生长，对发展多种经济十分有利。

火 山

火山活动是地球上一种极为壮观而又令人生畏的自然奇观，它不仅过去有，而且有的现在正在活动。多年前，菲律宾皮纳图博火山和意大利埃特纳火山喷发的情景，至今仍然令人难以忘怀。那黑黑的、高耸入云的烟柱，隆隆如巨雷的轰鸣，长驱直入、不可阻挡的钢水般的熔岩流；那厚厚的如积雪般的灰色火山灰让人想到地球真的发怒了。难怪有人把火山看做是走向地狱的入口。其实，火山活动只不过是我们生活的地球上一种自然现象。当地球表层出现裂缝或断口时，地下灼热的固体、液体及气体物质便沿着这个裂缝或断口猛烈地向外喷发并围绕着裂口形成像山体一样的圆锥体。就像一个完好的大西瓜，若我们在它身上扎一刀，就会有甜滋滋的水沿切口处流出来。

火山喷发

火山形状一般呈圆锥形。最具代表性的当数日本的富士山了，它位于东京西南约 70 千米，每当夕阳西下时，山脚下暮霭四起，而高高的山顶白雪皑皑，形成黑白分明的两部分，十分壮观。

说火山可怕，是因为人们常常不知道它在什么时候喷发，而一旦喷发，又具有极大的毁灭力和破坏力；它喷出的钢水般殷红的熔岩肆意横流，难以阻挡；流经之处，不管是城市，还是农村；不管是森林，还是农田，都会眼睁睁地化为灰烬。有时，它会阻塞河流，改变河道，或造成水灾，或造成新的湖泊。它喷出的高耸入云的火山灰能造成环境污染，影响全球气候，甚至能在很短的时间掩埋掉一个城市。意大利著名的维苏威火山在公元 79 年深夜爆发时，大量的火山灰把一座庞培古城掩埋起来。再加上喷发时伴有大量有毒气体，使得熟睡的人无一能逃生。现代人们在挖掘庞培城遗址时，甚至发现有的死者还保持着完美的熟睡姿势。这不仅说明当时火山喷出的气体具有多么大的毒性，使人窒息而死；同时也说明火山灰的堆积速度是多么快。

火山爆发时灼热的熔岩喷发或流出都是由于地球内部强大的热力作用所

致。对地球内部这种强大的热力的来源还不十分清楚。有些地质学家认为，它是地球形成时，处于原始熔融状态的地球渐渐冷凝后剩下的余热；也有人认为由于地球内部有类似于用做制造原子弹那样的化学元素——铀和钍，它们能放射出大量的热能。不管地下热的来源如何，它是确实存在的，其热量足以熔解大块石头，使之成为类似钢水一样的物质，这种类似于钢水一样的物质，人们叫它“岩浆”。岩浆中会有大量的水蒸气和其他气体，它的重量轻于附近围着它的固体岩石，而熔解于其中的气体会使它变得更轻。当它受到四周较重岩石的压力时，呈液态的岩浆就会上升，其中一些穿过地壳外层到达地表，最终穿过裂隙或断口，依靠地球内部的爆发力和断口强烈的挤压力高高地抛到空中。若岩浆很粘稠，且断口的挤压力不够大，岩浆就不会被抛出，而只会沿着断口流出来，形成熔岩流。

熔岩流的粘稠程度和冷却速度决定了火山山体的高低，粘度大，流动慢，山体就会较高且很陡，如日本的富士山。反之则很平缓。美国夏威夷群岛上的火山很多，它们的坡度多较平缓。熔岩流的破坏性很大，它能毁坏沿途所有的一切。1991 年意大利埃特纳火山喷出的熔岩流眼看就要毁灭附近的一座城市，不得不动用军用直升机炸开熔岩流的通道而迫使其改道而行。熔岩流的冷却速度极慢，它的外层在行走时，它的内部还是灼热的。意大利西西里岛埃特纳火山在 1787 年喷出的熔岩，43 年后还散发水蒸气。大海是火山喷发较为频繁的地区，有时，它喷出的岩浆能在一夜之间形成新的岛屿，熔岩流有时规模很大，会像毯子一样覆盖原来的大地。在印度西部有 20 多万平方千米的土地被熔岩所覆盖。我国西南地区著名的风景胜地峨眉山，早在 2 亿多年前的时候也有一次大规模的熔岩流流出，由此形成的岩石在四川、云南都有发现，可见其规

岩浆肆意

模之大。

火山喷发出的气体呈柱状，可以到达很高的高空，它常携带着大量火山灰，并相互摩擦产生静电，从而使得天空电光闪闪，雷声隆隆；当它被火山喷出口内殷红的熔岩照亮时，看上去好像天空在熊熊燃烧，十分可怕。若气体的密度很大，就会遮天蔽日，天空会变得一片漆黑。而气体中大量的水蒸气凝聚起来，又会造成暴雨如注，洪水泛滥。一般情况下，火山喷出的气体主要是水蒸气，同时还有像氧气、氢气、二氧化碳和带有硫黄味的二氧化硫等气体。它们的温度很高，可达1000℃以上。气体在火山喷发中起到清扫通道的作用，它把火山通道清理好以后，钢水般的岩浆就会从通道里流出来。有时，从地球表面裂缝喷出的气体带有砂土，天长日久，这些砂土在裂缝附近堆成一个土堆，如若遇大雨，变成泥浆，土堆表面干燥固结，透气性变差，气体在固结的表面下积累，最后气体冲破土堆，形成泥火山。这类泥火山在天然气田和油田常可发现。

火山喷出的固体物质主要有石块、灰渣和火山灰。石块的外形有纺锤状（称火山弹），饼状（称火山饼），还有的火山会喷出带有大量气孔的石块，这种石块由于气孔多，重量轻，能漂浮在水而上。据记载，1815年，印度尼西亚松巴哇岛有一火山喷出的大量能漂浮的石块覆盖了周围数十千米的海面，使船只无法通行。有时火山能喷出很重很大的石块，并把它抛到很远的地方。据说，在厄瓜多尔北部有一座火山，有一次竟把重200吨的巨石喷到十几千米远的地方。火山灰是火山喷发时喷出的主要成分之一。1991年菲律宾皮纳图博火山喷发出的大量火山灰不仅毁坏了交通和人们的正常生活，连美国驻扎在此地的海军基地也因此而关闭。火山灰高高地飘浮在大气中，随气流飞到很远地方，甚至可以飞到全球。有时它遮天蔽日，阴森可怖，而有时又能折射或反射太阳光，使天空出现日出或日落时的灿烂景色。

根据火山的活动情况，火山可分为活火山、死火山和休眠火山三种类型。活火山是指现在仍在活动或周期性活动的火山，像菲律宾的皮纳图博火山、意大利的埃特纳火山等。死火山是指过去很久以前曾活动过，但人类没有记载，仅根据其地貌特征推断出曾发生过火山活动；这类火山很多，在世界各地都能找到。休眠火山则是过去活动过而近期未活动的火山。我国境内已发现能代表曾有火山活动过的火山山体600余座，主要是死火山，分布在环绕蒙古高原的吉林、黑龙江、内蒙古、山西北部及环绕西藏高原的云南、新疆等地。1951年5月27日新疆昆仑山脉克里雅河附近的卡尔达火山喷发是我国大陆上火山喷发的最新记录。

火山喷发有它的破坏性和危害性，但也有一定的功劳。钢水般的岩浆在地上运移中随着温度的降低和其中的气体、液体物质的迁移，会形成大量有用矿产，从瑰丽的金刚钻石，到我们日常生活中所用的金属工具，到航天飞机、运载火箭，都离不开它们。由岩浆冷凝形成的一种岩石——花岗岩，是非常重要的建筑材料和雕刻材料，许多高楼大厦的基底和石刻人像都是用它作为原料。最近日本科学家研究认为：火山爆发时产生的磷酸可能是地球上生命的最早物质，单质磷酸相互连接生成大量大分子的磷酸，该物质可能是地球的生命源泉。另外，火山喷发时喷出的大量火山灰弥漫大气层中，它和同时喷出的大量二氧化碳、硫化氢、二氧化硫等气体混合，可以在大气平流中（15000~25000米高）停留很长一段时间，结果即能阻挡太阳紫外线辐射对人体的损害，减少皮肤病的发生率，同时又阻挡了太阳光的射入，使气候变冷。这对现代人们担心气候越渐变暖而造成一系列危害是有好处的。据记载，1963年巴厘岛哥贡火山喷发后，大气透明度下降了1.5%，第二年全球气温下降0.5℃。最近，据日本科学家研究，1991年菲律宾皮纳图博火山爆发后，全球气温也明显下降。

高原与平原

雄峻高原

雄伟挺拔、险峻奇峭、蜿蜒起伏的高原，素有“大地的舞台”之称。它是在长期、连续、大面积的地壳抬升运动中形成的。海拔高度一般都在1000米以上。有的高原表面宽广平坦，地势起伏不大；有的高原则奇峰峻岭、山峦起伏，地势变化很大。

按高原面的形态可将高原分几种类型：一种是顶面较平坦的高原，如我国的内蒙古高原；一种是地面起伏较大，顶面仍相当宽广的高原，如中国青藏高原；一种是分割高原，如我国的云贵高原，流水切割较深，起伏大，顶面仍较宽广。黄土高原是我国四大高原之一，高原大部分为厚层黄土覆盖。陕西黄土高原地层出露完整，地貌形态多样，是我国黄土自然地理最典型地区。

青藏高原

不同高原的类型反映高原的起源及其随后受侵蚀的历史。最常见的是构造高原，非洲大部分是这样一种隆起的大陆块，阿拉伯半岛和印度次大陆的德干高原也是同样的地形。规模小得多的高原有断层块和地垒，它们是沿边缘断层系统隆起的高原，或是相邻断块沉降时仍居高处的部分。地垒通常比较大的断层块更易分辨。翘起断块是个变异，这样的高原具有一个比较陡的边和一个徐缓倾斜的地面。

包围在山系以内的高原称为山间高原。在美国，这种类型的景观分布于内华达山脉和落基山脉之间，常用盆地和山脉这个术语来表示。然而，盆地和山脉地形的分布是世界性的。它包括中亚细亚的大部分、西藏、四川的一部分和蒙古。安纳托利亚、亚美尼亚和伊朗都由山间高原构成，地质学家甚至扩大到把地中海、爱琴海和黑海都归入山间盆地一类里。山间高原在安第斯山系内也很常见；世界上可通航的最高水体的的喀喀湖，就位于这样一个高原上。山间高原、地垒和断层块通常与年轻的褶皱山脉有关。

其他类型高原由坚固的岩石构成。喷出大面积玄武岩熔岩流的火山造成了许多高原。如爱尔兰北部的安特里姆玄武岩高原、美国西北部的哥伦比亚—蛇河流域、衣索比亚以及印度德干高原的西北部。

我国的青藏高原是世界上最高的高原，平均高度在海拔 4000 米以上，有

“世界屋脊”之称。科学考察表明，青藏高原在几千万年前还是一片与古地中海相连的汪洋大海。后来，由于大陆板块的移动，位于它南部的印巴古大陆持续不断地向北推进，与欧亚大陆碰撞并插入欧亚大陆板块之下，形成了今天举世无双的大高原。这次造山运动在地质史上称为“喜马拉雅运动”，它是最新的造山运动，距今不过一两千万年的历史，因此青藏高原也是世界上最年轻的高原之一。我国的黄土高原是由“飞来”的黄土堆积而成的，这些黄土的老家在黄土高原北面的中亚和蒙古的沙漠地区。

黄土高原

世界上著名的高原还有：蒙古高原，面积达200万平方千米；印度半岛的德干高原，面积约200万平方千米；亚洲西部的伊朗高原，面积约为250万平方千米，高度多在1000～2000米；阿拉伯高原，面积约350万平方千米，高度由东部的200米一直向西上升到1000米以上；南美洲的巴西高原，面积500多万平方千米，为青藏高原的2倍，是世界上最大的高原。整个非洲是一个高原型大陆，位于东北部的埃塞俄比亚高原，高约2000米，其他大部分地区的高度在1000－1500米之间。在东非高原上，湖泊众多，既大又深。如坦噶尼喀湖，面积达3万平方千米，深达1435米，是仅次于贝加尔湖的世界第二深水湖。

高原海拔高，接受太阳辐射多，日照时间长。如我国青藏高原上的拉萨城，被称为“日光城”。高原地区由于空气较平原地区稀薄，气压较低，因此一般人乍到高原常会发生心跳加剧、呼吸急促等高原反应。高原地区水的沸点往往低于100℃，所以在高原上用普通饭锅煮饭，往往夹生。

辽阔平原

平原是陆地上最平坦的地域，它好像铺在大地上的绿色地毯，坦荡千里，辽阔无垠。平原地貌宽广低平，起伏很小，海拔多在200米以下。世界平原总面积约占全球陆地面积的四分之一。

平原可以分成两类，一类是冲积平原，主要由河流冲积而成。它的特点是地面平坦，面积广大。多分布在大江、大河的中、下游两岸地区。另一类是侵蚀平原，主要由海水、风、冰川等外力的不断剥蚀、切割而成。这种平原地面起伏较大。

我国的华北平原是一个地域辽阔的典型的冲积平原。它的形成可以一直追溯到一亿三千多万年以前的燕山运动时期。那时我国北方地区曾发生一次强烈的地壳运动，山西与河北交界的地带猛然隆起，形成高耸的太行山。东面的华北平原地区断裂下陷，被海水淹没。到了距今三千万年前的喜马拉雅运动时，太行山再次抬升，东部地区继续下陷。随着这种西高东低的地貌结构的形成，从西部黄土高原延伸的条条河流，挟带着大量泥沙不断向东部低地冲刷而下，到了河流的中、下游地区，水面宽阔、地势平坦，河水的流速大大减慢，其携带的泥沙也慢慢沉积下来。久而久之，就在山麓东部形成一大片扇面状冲积平原，其中以黄河沿岸的古冲积扇面积为最大。由于黄河、海河、滦河等水系每年都要挟带大量泥沙，自西而东冲刷和堆积到东部低洼地区，使古冲积扇面积不断向东延伸扩大，最后终于形成了坦荡辽阔的华北平原。

我国平原面积约100多万平方千米，占全国总面积的十分之一。除华北大平原外，还有东北大平原和长江中下游平原。在世界的其他地区，著名的大平原有：俄罗斯的西伯利亚大平原，南美洲的亚马孙平原，印度的恒河平原，北美洲的密西西比大平原等。

南美洲亚马孙河下游有一大块平原——亚马孙平原，面积达560万平方千米，是世界上面积最大的平原。亚马孙平原地势低平坦荡，大部分在海拔150米左右，还有相当一部分海拔更低的低地，因而有“亚马孙低地”之称。亚马孙平原是亚马孙河的冲积平原。在很久很久以前，这里还是一大片被海水浸没的凹地。发源于安第斯山的亚马孙河水系的河流，从圭亚那高原、巴

华北平原

西高原带来大量泥沙等物质沉积在这里，日积月累，凹地被填平了，出现了一个广阔的大平原。亚马孙平原上到处都是稠密的热带森林，无数的乔木、灌木形成了茫茫林海。林中茂密而阴暗，缺乏草本植物，孤身来到这里是十分危险的，有人把它叫做“可怕的绿色坟墓”。据估计，林海中大约积蓄着8亿立方米木材，约占世界木材蓄积总量的五分之一，而且其中还有许多珍贵的树种，如巴西樱桃果、红木、乌木、西班牙杉等。巴西樱桃果树可长到80米高，樱桃果的含油量为73%，比芝麻、花生的含油量高得多，可以食用，经济价值特别高。亚马孙平原人烟稀少，平均每平方千米不到一人。

平原地区面积广大，土地肥沃，水网密布，交通发达，是经济、文化发展较早的地方。历史上四大文明古国都是从大河附近的平原上发展起来的。我国的长江中下游平原素有“鱼米之乡”的美称。平原底下的有些地质构造有利于煤和石油等矿产资源的形成，许多重要的煤矿和油田往往在平原地区发现。今天大陆边缘的浅海，其实也是些暂时被水淹没的平原，那里的煤，特别是石油储藏量相当丰富。

冰川

冰川是一种巨大的流动固体，是在高寒地区由雪再结晶聚积成巨大的冰山，因重力作用冰山流动，成为冰川。冰川作用包括侵蚀、搬运、堆积等作用，这些作用造成许多地形，使得经过冰川作用的地区形成多样的冰川地貌。此外，冰川所含的水量，占地球上除海水之外所有的水量的97.8%。据认为，全世界存在有多达70000至200000个冰川。冰川自两极到赤道带的高山都有分布，总面积约达16227500平方千米，即覆盖了地球陆地面积的11%，约占地球上淡水总量的69%。现代冰川面积的97%、冰量的99%为南极大陆和格陵兰两大冰盖所占有，特别是南极大陆冰盖面积达到1398万平方千米（包括冰架），最大冰厚度超过4000米，冰从冰盖中央向四周流动，最后流到海洋中崩解。

冰川是由多年积累起来的大气固体降水在重力作用下，经过一系列变质成冰过程形成的，主要经历粒雪化和冰川冰两个阶段。它不同于冬季河湖冻结的水冻冰，构成冰川的主要物质是冰川冰。在极地和高山地区，气候严寒，常年积雪，当雪积聚在地面上后，如果温度降低到零下，可以受到它本身的压力作用或经再度结晶而造成雪粒，称为粒雪。当雪层增加，将粒雪往更深处埋，冰的结晶越变越粗，而粒雪的密度则因存在于粒雪颗粒间的空气体积不断减少而增加，使粒雪变得更为密实而形成蓝色的冰川冰，冰川冰形成后，因受自身很大的重力作用形成塑性体，沿斜坡缓慢运动或在冰层压力下缓缓流动形成冰川。

在南极和北极圈内的格陵兰岛上，冰川是发育在一片大陆上的，所以称之为大陆冰川。而在其他地区冰川只能发育在高山上，所以称这种冰川为山岳冰川。在高山上，冰川能够发育，除了要求有一定的海拔外，还要求高山不要过于陡峭。如果山峰过于陡峭，降落的雪就会顺坡而下，形不成积雪。

我国山岳冰川按成因分为大陆性冰川和海洋性冰川两大类。总储量约51300亿立方米。前者占冰川总面积的80%，后者主要分布在念青唐古拉山东段。按山脉统计，昆仑山、喜马拉雅山、天山和念青唐古拉山的冰川面积都超过7000平方千米，四条山脉的冰川面积共计40300平方千米，约占全国冰川总面积的70%，其余30%的冰川面积分布与喀喇昆仑山、羌塘高原、帕米尔、唐古拉山、祁连山、冈底斯山、横段山及阿尔泰山。

按照冰川的规模和形态，冰川分为大陆冰盖（简称冰盖）和山岳冰川（又称山地冰川或高山冰川）。山岳冰川主要分布在地球的高纬和中纬山地区。

其类型多样，主要有悬冰川、冰斗冰川、山谷冰川、平顶冰川。

大陆冰盖主要分布在南极和格陵兰岛。山岳冰川则分布在中纬、低纬的一些高山上。全世界冰川面积共有1500多万平方公里，其中南极和格陵兰的大陆冰盖就占去1465万平方公里。因此，山岳冰川与大陆冰盖相比，规模极为悬殊。

巨大的大陆冰盖上，漫无边际的冰流把高山、深谷都掩盖起来，只有极少数高峰在冰面上冒了一个尖，辽阔的南极冰盖，过去一直是个谜，深厚的冰层掩盖了南极大陆的真面目。科学家们用地球物理勘探的方法发现，茫茫南极冰盖下面有许多小湖泊，而且这些湖泊里还有生命存在。

我国的冰川都属于山岳冰川。就是在第四纪冰川最盛的冰河时代，冰川规模大大扩大，也没有发育为大陆冰盖。

冰川地貌特征

雪线：一个地方的雪线位置不是固定不变的。季节变化就能引起雪线的升降，这种临时现象叫做季节雪线。只有夏天雪线位置比较稳定，每年都回复到比较固定的高度，由于这个缘故，测定雪线高度都在夏天最热月进行。就世界范围来说，雪线是由赤道向两极降低的。珠穆朗玛峰北坡雪线高度在6000米左右，而在南北极，雪线就降低在海平面上。雪线是冰川学上一个重要的标志，它控制着冰川的发育和分布。只有山体高度超过该地的雪线，每年才会有多余的雪积累起来。年深日久，才能成为永久积雪和冰川发育的地区。

粒雪盆：雪线以上的区域，从天空降落的雪和从山坡上滑下的雪，容易在地形低洼的地方聚集起来。由于低洼的地形一般都是状如盆地，所以在冰川学上称其为粒雪盆。粒雪盆是冰川的摇篮。聚积在粒雪盆里的雪，究竟是怎样变成冰川冰的呢？雪花经过一系列变质作用，逐渐变成颗粒状的粒雪。粒雪之间有很多气道，这些气道彼此相通，因此粒雪层仿佛海绵似的疏松。有些地方的冰川粒雪盆里的粒雪很厚，底部的粒雪在上层的重压下发生缓慢的沉降压实和重结晶作用，粒雪相互联结合并，减少空隙。同时表面的融水下渗，部分冻结起来，使粒雪的气道逐渐封闭。被包围在冰中的空气就此成为气泡。这种冰由于含气泡较多，颜色发白，容重约为0.82～0.84克/立方厘米，也有人把它专门叫做粒雪冰。粒雪冰进一步受压，排出气泡，就变成浅蓝色的冰川冰。巨厚的冰川冰在本身压力和重力的联合作用下发生塑性流动，越过粒雪盆出口，蜿蜒而下，形成长短不一的冰舌。长大的冰舌可以延伸到山谷低处以至谷口外。发育成熟的冰川一般都有粒雪盆和冰舌，雪线以上的粒雪盆是冰川的积累区，雪线以下的冰舌是冰川的消融区。二者好像天平的两端，共同控制着冰川的物质平衡，决定着冰川的活动。雪线正好相当于天平的支点。

冰斗：在河谷上源接近山顶和分水岭的地方，总是形成一个集水漏斗的地形。当气候变冷开始发育冰川的时候，这种靠近山顶的集水漏斗，首先为冰雪所占据。冰雪在集水漏斗中积累到一定程度，发生流动而成冰川。冰川对谷底及其边缘有巨大的刨蚀作用，它像木匠的刨子和锉刀那样不断地工作，原来的集水漏斗逐渐被刨蚀成三面环山、宛如一张藤椅似的盆地形伏。这种地形叫做冰斗。冰斗大多发育在雪线附近的高程上。

一般山谷冰川，往往爬上冰坎，才能看到白雪茫茫的粒雪盆。当冰川消失之后，这样的盆底就是一个冰斗湖泊。高山上常常可以见到冰斗湖，它们有规则地分布在某个高度上，代表着古冰川时代的雪线高度。

冰碛：水冻结成冰，体积要增加9%左右。当融化的冰雪水在晚上重新在岩石裂缝里冻结时，对周围岩体施展着强大的侧压力，压力最大可达2吨/平方厘米。在这样强大的冻胀力面前不少岩石都破裂了。寒冻风化作用不仅在山坡裸露的地方进行，在冰川底床也能进行。这是因为冰川底床有暂时的压力融水，融水渗入谷底岩石裂缝里，冻结时也产生强大的冻胀力。寒冻风化作用不停地在山坡上和冰川底床制造松散的岩块碎屑，山坡上的碎屑在重力作用下滚落到冰川上，底床里的碎屑更容易被冰川挟带着一起流动。冰川挟带的碎石岩块通称为冰碛。冰川表面的岩石碎块称为表碛，冰川内部的叫内碛，冰川底部的叫底碛，冰川两侧的是侧碛。侧碛靠近山坡，碎石岩块的来源丰富，因而侧碛又高又大，像左右两道夹峙着冰川的巍巍城墙。到冰舌前端，两条侧碛大多交汇在一起，连成环形的终碛。终碛像高大的城堡，拱卫着冰川，攀登冰川的人，必须首先登临终碛，才能接近冰川。我国西部不少终碛高达二百余米。并不是所有冰川都有终碛的，前进迅速和后退迅速的冰川都没有终碛，只有冰川在一个地方长期停顿时，才能造成高大的终碛。两条冰川汇合时，相邻的两条侧碛合为一条中碛。树枝状山谷冰川表面中碛很多，整个冰川呈现黑白相间的条带状。冰碛是冰川搬运和堆积的主要物质，也是冰川改变地球面貌的证据之一。

冰川年轮：粒雪盆中的粒雪和冰层大致保持平整，层层叠置。每一年积累下来的冰层，在冰川学上叫做年层。冬季积雪经夏季消融后，形成一个消融面，消融面上污化物较多，所以也叫做污化面。污化面是划分年层的天然标志。有了年层，冰层就能像树轮一样被测出年龄来。由于冰川在形成的时候封存了一些空气和尘埃，冰川学家能够从中提取气泡和尘埃分析当时的气候。

冰面湖：冰面湖的形成主要有三种形式。一种是冰川上的冰下河道融蚀冰川，产生巨大的洞穴或隧道，洞穴顶部塌陷，便形成较深较大的长条形湖泊。一种是冰川低陷处积水，在夏季产生强烈的融蚀作用而形成的。另外，冰川周围嶙峋的角峰，经常不断地崩落下岩屑碎块。如果较大体积的岩块覆盖在冰川上，引起差别消融，就能生长成大小不等的冰蘑菇。如果崩落的岩块较小，在阳光下受热增温就会促进融化，结果岩块陷入冰中，形成圆筒状的冰杯。冰杯形成速度很快，在冰面上形成大大小小的积水潭，在夏天消融期间，冰面积水温度较高，有时竟达到5℃。因此积水的融蚀作用强烈，能把蜂窝状的冰杯逐渐融合一起，形成宽浅的冰面湖泊。冰面湖给冰川景色增添了更为绚丽多彩的风光。夏天，每当朝日初升或夕阳西下的时候，碧瓤瓤的湖面上霞光万道，灿烂夺目。

冰洞：夏季，冰川经常处于消融状态中。冰川的消融分为冰下消融、冰内消融和冰面消融三种。地壳经常不断向冰川底部输送热量，从而引起冰下消融。不过冰下消融对于巨大的冰川体来说，是微不足道的。当冰面融水沿着冰川裂缝流入冰川内部，就会产生冰内消融。冰内消融的结果，孕育出许多独特的冰川岩溶现象，如冰漏斗、冰井、冰隧道和冰洞等（我们知道云南的石林是由喀斯特地貌形成的，由冰内消融引起的冰川地貌很像喀斯特地貌，冰川学家称这种冰川形态为喀斯特冰川）。

冰钟乳：冰川上的融水，在流动过程中，往往形成树枝状的小河网，时而曲折蜿流，时而潜入冰内。在一些融水多面积大的冰川上，冰内河流特别发育。当冰内河流从冰舌末端流出时，往往冲蚀成幽深的冰洞。洞口好像一个或低或高的古城拱门。从冰洞里流出来的水，因为带有悬浮的泥距沙，像乳汁一样浊白，冰川学上叫冰川乳。当冰川断流的时候，走进冰洞，犹如进入一个水晶宫殿。有些冰川，通过冰洞里的隧道，一直可以走到冰川底部去。冰洞有单式的，有树枝状的，洞内有洞。洞中冰柱林立，冰钟乳悬连，洞壁的花纹十分美丽。有的冰洞出口高悬在冰崖上，形成十分壮观的冰水瀑布。

冰塔：冰面差别消融产生许多壮丽的自然景象，如冰桥、冰芽、冰墙和冰塔等。尤其是冰塔林，吸引了不少人的注意。珠穆朗玛峰和希夏邦马峰地区的很多大冰川上，发育了世界上罕见的冰塔林。一座又一座数十米高的冰塔，仿佛用汉白玉雕塑出来似的，它们朝天耸立在冰川，千姿万态。有的像西安的大雁塔、小雁塔的塔尖，有的像埃及尼罗河畔的金字塔，有的像僵卧的骆驼，有的又像伸向苍穹的利剑。

冰蘑菇：冰川周围嶙峋的角峰，经常不断地崩落下岩屑碎块。如果崩落的岩块较小，在阳光下受热增温就会促进融化，结果岩块陷入冰中，形成圆筒状的冰杯，进而形成冰面湖。如果较大体积的岩块覆盖在冰川上，引起差别消融，当周围的冰全部融化了，而大石块因为遮住了太阳辐射，其下的冰没有融化，就能生长成大小不等的冰蘑菇。

盆地与沙漠

天然盆地

盆地四周高、中间低，整个地形像一个大盆。盆地的四周一般有高原或山地围绕，中部是平原或丘陵。

盆地主要有两种类型。一种是地壳构造运动形成的盆地，称为构造盆地，如我国新疆的吐鲁番盆地、江汉平原盆地。另一种是由冰川、流水、风和岩溶侵蚀形成的盆地，称为侵蚀盆地，如我国云南西双版纳的景洪盆地，主要由澜沧江及其支流侵蚀扩展而成。

盆地主要是由于地壳运动形成的。在地壳运动作用下，地下的岩层受到挤压或拉伸，变得弯曲或产生了断裂就会使有些部分的岩石隆起，有些部分下降，如下降的那部分被隆起的那些部分包围，盆地的雏形就形成了。

四川盆地

许多盆地在形成以后还曾经被海水或湖水淹没过，像四川盆地、塔里木盆地、准噶尔盆地等，都遭遇了这样的经历。后来，随着地壳的不断抬升，加上泥沙的淤积，盆地内部的海、湖慢慢地退却干涸，只剩下一些河水或小溪了。但是，那些曾经存在过的海、湖河流中，曾经生活过的大量生物死亡以后被埋入淤泥中，就会成为形成石油、煤炭的物质基础，这就是科学家们非常关注盆地研究的重要原因。盆地中的岩石沉积大多相对比较完整而连续，生活在那里的动物、植物死后也比较容易保存成化石，所以盆地也是古生物学家们寻找化石的好去处。

还有一些盆地，主要是由地表外力，比如风力、雨水等破坏作用而形成的。河流沿着地表岩石比较软弱的地方向下侵蚀、切割形成各种不同大小的河谷盆地。在我国西北部广大干旱地区，风力特别强，把地表的沙石吹走以后，形成了碟状的风蚀盆地。甘肃、内蒙古和新疆等地区的一些盆地就是这样形成的。

另外，在一些地下有石灰岩发育的地区，常年流动的地下水会使那里的岩石溶解，引起地表的岩石塌陷，也会形成盆地，地质学家们把这类成因的盆地称为岩溶盆地。我国西南云贵高原和广西等地就有很多这种类型的盆地。

在强烈的挤压或拉伸作用下，一些大型盆地的基底会发生断裂，形成一些“断陷盆地”，在我国华北渤海湾、西南地区的横断山区等地壳活动剧烈的地区，这类盆地多见。

沉积盆地在发展过程中经常受到地壳构造活动的影响，这种活动性可以被盆地不断接受的沉积物记录下来，通过对这些沉积物的地质和地球化学研究，人们能够描述、反演出这些地域中诸如气候变化、海平面变化、对气候有重大影响的温室气体与大气圈发生交换作用以及由构造活动决定的地形变化等地球演化历史过程。

石油和天然气的形成和富集成藏也与构造运动有十分密切的关系。油气通常形成并赋存在沉积岩中，相对独立连片分布的沉积岩往往被油气勘探者称为“含油气盆地”。这种含油气盆地的形成与分布是构造运动的必然产物。石油和天然气作为地壳中流体的部分，其形成、运移和保存受控于地质体的发展变化，大地构造、构造地质等基础科学对地质体的构成和演化认识越深刻，油气地质的特殊性也越容易被掌握。

一是盆地纵向含油层系多，油藏埋深跨度大。从太古界、元古界、古生界、中生界到新生界，辽河盆地共发现 19 套含油层系，油藏埋深从 550 米到 4050 米，是典型的小而肥的复式油气区。

二是盆地经历多期构造运动，断裂发育，构造复杂。根据现有资料认识，仅盆地陆上就发育一级断层 8 条，二级断层 20 条，三级断层 400 余条，四级断层 1200 条以上，形成三凸四凹 7 个一级构造单元，35 个二级构造单元，83 个三级构造单元，800 多个四级断块，是典型的复杂断块油藏。

三是储层类型多，物性变化大，非均质严重，储层岩性以正常沉积的各种类型的砂岩为主，也有火山岩、碳酸盐岩和变质岩等特殊岩性油藏，储层空间类型多样，储层孔隙度从 3% 到 35%，且受沉积等因素影响，储层非均质严重。

四是受多期构造、多种沉积、多种储层岩性影响，辽河盆地油藏类型多样，油气富集程度差异大，深度变化大。按圈闭成因可划分为构造、岩性和地层三种油气藏，进一步可细分为 18 种油藏类型，若按油气水分布特征又可划分为 9 种类型。原始含油饱和度 47% 至 75%，已探明油藏的含油丰度从每平方千米不足十万吨到上千万吨。

五是油品类型多，原油物性变化大。有凝析油、稀油、普通稠油、特稠油、超稠油和高凝油。通过三十多年的开发，辽河盆地已经成为国内最大的稠油和高凝油生产基地。

六是稠油埋藏普遍较深，其中埋深1300米至1880米的超深层储量为6.95亿吨，占稠油动用储量的42.2%，埋深在900米至1300米的深层储量为2.91亿吨，占稠油动用储量的36.7%。

盆地面积大小不一，中国的四川、塔里木、准噶尔、柴达木等盆地，面积都在10万平方千米以上。小的盆地只有方圆几千米，在贵州叫“坝子”。有些盆地内的自然条件优越，资源丰富，被人们称为聚宝盆。我国的四川盆地素有“天府之国”之称，柴达木盆地富积岩盐，藏语“柴达木”就是盐泽的意思，新疆吐鲁番盆地盛产葡萄。

广袤沙漠

地球陆地的三分之一是沙漠。因为水很少，一般以为沙漠荒凉无生命，有“荒沙”之称。和别的区域相比，沙漠中生命并不多，但是仔细看看，就会发现沙漠中藏着很多动植物，尤其是晚上才出来的动物。

沙漠地域大多是沙滩或沙丘，沙下岩石也经常出现。泥土很稀薄，植物也很少。有些沙漠是盐滩，完全没有草木。沙漠一般是风成地貌。

沙漠里有时会有可贵的矿床，近代也发现了很多石油储藏。沙漠少有居民，资源开发也比较容易。沙漠气候干燥，是考古学家的乐园，可以找到很多人类的文物和更早的化石。

贸易风沙漠

贸易风（信风）是从副热带高压散发出来向赤道低压区辐射的风，来自陆地的贸易风越吹越热。很干的贸易风吹散云层，使得更多太阳光晒热大地。世界上最大的沙漠撒哈拉大沙漠主要形成原因就是干热的贸易风（当地称为哈马丹风）的作用，白天气温可以达到57°C。

中纬度沙漠

中纬度沙漠（或称温带沙漠），位于纬度30°到50°之间。北美洲西南部的索诺兰沙漠和中国的腾格里沙漠都是中纬度沙漠。

雨影沙漠

雨影沙漠是在高山边上的沙漠。因为山太高，造成雨影效应，在山的背风坡一侧中形成沙漠，如以色列和巴勒斯坦的朱迪亚沙漠。

沿海沙漠

沿海沙漠一般在北回归线和南回归线附近的大陆西岸，因寒流流经，降温降湿，冬天起很大的雾，遮住太阳。沿海沙漠形成的原因有：陆地影响、海洋影响和天气系统影响。南美的沿海沙漠阿塔卡马沙漠，是世上最干的沙漠，经常5～20年才会下一次超过1毫米的雨。非洲的纳米比沙漠有很多新月形沙丘，经常刮大风。

古代沙漠

地质考古学家发现地球的气候变化很多，在地质史上有些时段比现在干燥。12500年前，大约北纬30°到南纬30°之间10%的陆地沙漠广布。18000年前，这个区域的50%是沙漠，包括现在的热带雨林。

喀拉哈里沙漠

很多地方已经发现沙漠沉积的化石，最老的达到5亿年。在美国的内布拉斯加是西半球最大的古代沙海。它现在已经有500毫米的年均降水量，沙粒已经被植物稳住，但是还是可以看到高达120米的沙丘。

喀拉哈里沙漠也是一个古代沙漠。

盐碱沙漠

各种盐碱土都是在一定的自然条件下形成的，其形成的实质主要是各种易溶性盐类在地面作水平方向与垂直方向的重新分配，从而使盐分在集盐地区的土壤表层逐渐积聚起来。如阿联酋国等。

沙漠上的植物分布比较稀薄，但是有很多品种。美国西南部的沙漠里的柱仙人掌可以活200年，长到15米，10吨，成为沙漠里的树木。柱仙人掌成长很慢，9年之后才有15厘米，75年才分第一个枝。因为身躯庞大，看起来好像沙漠里有很多仙人掌。其实豌豆类和向日葵类植物也可以在干燥酷热地域生存。梭梭也是沙漠中独特的灌木植物，平均高达2～3米，有的高达5米，被称为“沙漠植被之王”，寿命也可达百年以上。春季冰冷的沙漠里一般长草或灌木丛。多数沙漠植物是抗旱或抗盐的植物。有些在根、茎、叶里存水；有些具有庞大的根茎系统，可以达到地下水层，拦住土壤，防止水土流失；有些有较大的茎叶，可以减低风速，保存沙土。

沙漠里偶尔也会下雨，下起来常常是暴风雨。撒哈拉沙漠曾经有过在3个小时内降水44毫米的记录。这种时候，平常干的河道会很快充满水，容易发洪水。

虽然沙漠内部少下雨，但沙漠常从附近高山流出的河流进水。这些河流一般带着很多土，在沙漠里流了一两天的距离就干了。世界上只有几条大河流通沙漠，如埃及的尼罗河，中国的黄河和美国的科罗拉多河。

如果水足够，沙漠里会形成季节湖，一般较浅较咸。因为湖底很平，风会把湖吹到好几十平方千米。小湖干了之后会留下一个盐滩。在美国有上百个这样的盐滩，大多是一万两千年前冰河时期的大湖的遗物，其中最著名的是犹他州的大盐湖。平平的盐滩是赛车、飞机跑道和宇航器降落的好地方。

世界十大沙漠

撒哈拉沙漠：位于非洲北部，东西长达5600千米，南北宽约1600千米，总面积约9600000平方千米，约占非洲总面积32%，是世界上最大的沙漠。气候条件极其恶劣，是地球上最不适合生物生长的地方之一。“撒哈拉”这个名称来源于阿拉伯语，是从当地游牧民族图阿雷格人的语言引入的，在其语言中就是“沙漠”的意思。这块沙漠大约形成于250万年以前。

阿拉伯沙漠：位于阿拉伯半岛的大沙漠，面积达233万平方千米，为世界第二大沙漠。阿拉伯沙漠平均气温都在20℃以上，最热月7月平均气温超过30℃，最冷月1月平均气温也高于10℃，多在15℃～24℃之间。

撒哈拉沙漠

利比亚沙漠：位于非洲东北部，面积169万平方千米，包括埃及中、西部和利比亚东部。为自南向北倾斜利比亚沙漠的高原，南部海拔350～500米，中、北部海拔100～250米，西南部地势最高，海拔达1800米。

戈壁沙漠：又称东北亚沙漠，包括阿尔泰山脉以东南、大兴安岭以西、蒙古草原以南、青藏高原以东北、华北平原以西北的广阔干旱半干旱地区，囊括了我国境内的大多数沙漠，面积104万平方千米。

巴塔哥尼亚沙漠：位于南美洲南部的阿根廷，在安第斯山脉的东侧，面积约67万平方千米。巴塔哥尼亚一般是指南美洲安第斯山以东，科罗拉多河以南的地区，主要位于阿根廷境内，小部分则属于智利。

鲁卜哈利沙漠：阿拉伯语，意为“空旷的四分之一”，由于其面积占据阿拉伯半岛约四分之一而得名，是世界上最大的沙漠之一，覆盖了整个沙特阿拉伯南部地区和大部分的阿曼、阿联酋和也门领土。大致呈东北—西南走向，长1200千米，宽约640千米，面积达65万平方千米。因富含氧化铁而多呈红色。海拔100～500米。

卡拉哈里沙漠：位于非洲南部内陆干燥区。也称“卡拉哈里盆地”，是非洲中南部的主要地形区。总面积约63万平方千米。

大沙沙漠：位于澳大利亚西部沙漠北带，大部在西澳大利亚州。位于金伯利高原以南、皮尔巴拉地区以东，伸延至北部地方边界以东。大部为沙丘，仅中部有石漠。面积41万平方千米。

塔克拉玛干沙漠

塔克拉玛干沙漠：位于南新疆塔里木盆地，维吾尔语意“进去出不来的地方”，当地人通常称它为“死亡之海”。整个沙漠东西长约1000余千米，南北宽约400多千米，总面积337600平方千米，是我国境内最大的沙漠，也是全世界第二大流动沙漠。

澳大利亚沙漠：位于澳大利亚的西南部，面积约15万平方千米。这里雨水稀少，干旱异常。夏季的最高温度可达50℃。因为没有高大树木的阻挡，狂风终日从这片沙漠上空咆哮而过。风是这里惟一的声音。

绿　洲

在浩瀚无边、尘沙漫漫的沙漠中，人们有时能看到一片片水草丛生、绿树成荫、泉水潺潺、牛羊成群的绿洲。好像是黄色沙海中的绿色岛屿，也是沙漠中唯一的绿地。

绿洲一般都分布在大河流经或有地下水出露的洪水冲积扇的边缘地带，也有在高山冰雪融化后流经的山麓地区。绿洲上水源充足，气候适宜，土壤肥沃，庄稼和植物生长的条件良好。尤其是夏季，高山冰雪融化，雪水源源流入绿洲，使绿洲生机盎然。

绿洲大小不一，从小泉水周围1公顷（2.5亩）左右到大面积有天然水或灌溉的土地。绿洲的水源大多来自地下；泉和井（有些是自流井）由砂岩含水层补给，其受水区可能远在800多千米以外，例如利比亚荒漠的哈尔加绿洲和达赫拉绿洲。

沙漠地区天然降水少，难以满足农作物生长的需要。但这些绿洲地区夏季气温高，热量条件充足，只要有充足的灌溉水源，小麦、水稻、棉花、瓜果、甜菜等农作物都能生长良好。我国新疆塔里木盆地和准噶尔盆地边缘的高山山麓地带、甘肃的河西走廊、宁夏平原与内蒙古河套平原都有不少绿洲分布。

一些较大的绿洲成为农业发达和人口集中的居民区。我国境内的天山和祁连山山麓都有绿洲分布。在世界最大的撒哈拉大沙漠中也有一些风光奇特的绿洲。那里，潺潺的泉水汇成一条条清澈透亮的小溪，灌溉着两岸的土地，高大的枣椰树把黄沙弥漫的荒野装饰得一片翠绿。撒哈拉2/3的人口在绿洲定居并依赖其灌溉，这些地区有适于植物迅速生长的温度。在撒哈拉所有的绿洲，枣椰树是主要的树木和食物的来源，在其阴影下生长着柠檬果、无花果、桃、杏、蔬菜和小麦、大麦、粟等谷物。人们把这些荒漠中的沃土，视为沙漠中的“珍珠”，倍加珍爱。

海洋与海峡

蓝色海洋

海洋占地球表面的71%，总面积约3.6亿平方千米。海和洋不同。洋的面积大，彼此相连，占海洋总面积的89%，水深一般在3000米以上，水的温度和盐度不受大陆影响，水体呈蓝色，透明度大。世界上有太平洋、大西洋、印度洋、北冰洋四大洋。海的面积只占海洋总面积的11%，水深一般都不到3000米，水温受大陆季节性变化的影响，盐度受附近大陆的河流和气候影响，水体多呈黄、绿色，透明度小。海可分为陆间海、内陆海和边缘海三种类型。如地中海、红海为陆间海，我国的渤海为内陆海，东海、南海为边缘海。

海洋里也有高山、平原、沟壑等地形结构。从海岸向外海延伸，海底大致可分为大陆架、大陆坡和大洋盆地等几个主要部分。其中，大洋盆地占海底总面积的70%以上，是海洋的主要部分。

海洋是一个“蓝色的宝库”。据估算，如果把整个地球上的海水加以提炼，可得到550万吨黄金、4亿吨白银、40亿吨铜、137亿吨铁、41亿吨锡、27亿吨钡、70亿吨锌、137亿吨钼和137亿吨铝。可以说，地球陆地上有的，海洋里都有，而且有许多是陆地上蕴藏不多，而又难于提取的稀有元素，如锶、铀、铷、锂、钡等。这些化学元素都是工农业生产和国防上的重要资源。现在已在海底勘探和开发的矿产有：天然气、石油、煤、铜、铁、硫、锰等数十种。估计海底石油可开采储量达1000多亿吨。

在海水所含的各种化学元素及矿物中，数量最大的是食盐，即氯化钠。据计算，1立方千米海水中，含有3000多万吨氯化钠。现在，全世界每年生产海盐1亿吨。如果按照这个数字消费，海洋里的盐可用5亿年！

近年来，从海水里直接提取镁、铀、碘、溴都取得成功。镁是制造飞机、轮船、汽车的重要材料，海水中镁含量可用一千万年以上。溴在陆地上比较少见，绝大部分都储藏在海洋里。

海洋里还有极为丰富的生物资源，种类多达20万种以上。其中包括各种海生植物、鱼类、贝类、兽类。地球上的生物资源80%以上在海洋里。

海洋里的潮汐能、波浪能、温差能都是取之不尽、用之不竭的能量来源。据估计，全世界海洋的潮汐能源约为10亿千瓦，仅我国沿海的潮汐能源就有2亿千瓦，人们把潮汐能称为“蓝色的煤海”。

海　峡

海峡是海洋中连接两个相邻海区的狭窄水道。如连接我国大陆的台湾海峡；连接亚欧大陆和美洲大陆的白令海峡。

海峡是地壳运动造成的。地壳运动时，临近海洋的陆地断裂下沉，出现一片凹陷的深沟，涌进海水，把大陆与邻近的海岛以及相邻的两块大陆分开，从而形成海峡。

通过海峡的水流湍急，水上层与下层的温度、盐度、水色及透明度都不一样。海底多为岩石和沙砾，几乎没有细小的沉积物。

海峡的地理位置特别重要，不仅是交通要道、航运枢纽，而且是历来兵家必争之地。因此，人们常称它们为“海上走廊”、“黄金水道”。

据不完全统计，世界上较大的海峡有 50 多个。世界上最长的海峡是莫桑比克海峡，长达 1670 千米。因它既宽又深，可通巨轮，成为南大西洋和印度洋之间的重要通道。

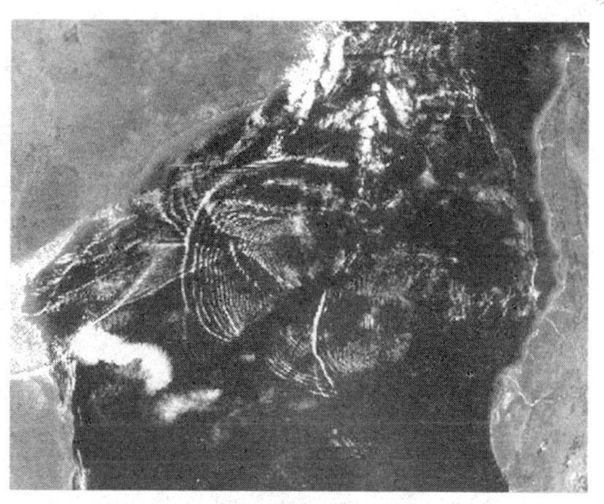

莫桑比克海峡

头戴两项“世界之最”桂冠的是位于南美大陆和南极洲之间的德雷克海峡。它是世界上最深的海峡，最深处达 5248 米。同时它又是世界上最宽的海峡，南北宽达 900～950 千米，成为世界各地通向南极的重要通道。

马六甲海峡，全长 1080 千米。人称东南亚的“十字路口”。

英吉利海峡的日通行船只在 5000 艘左右，成为世界上最繁忙的海峡。

直布罗陀海峡是地中海通向大西洋的惟一出口。从霍尔木兹海峡开出的油轮，源源不断地将石油运往欧美各国，被人们称为“西方世界的生命线”。

白令海峡则身兼多职，它是连接太平洋和北冰洋的水上通道，也是两大洲（亚洲和北美洲）、两个国家（俄罗斯和美国）、两个半岛（阿拉斯加半岛和楚克奇半岛）的分界线。国际日期变更线也从白令海峡的中央通过。

海　湾

海湾是海和洋伸入大陆的一部分，它三面靠陆，一面朝海。其深度和宽度都比海洋要小得多。

海湾的形状各式各样，有的曲折蜿蜒，深深地伸入陆地；有的则比较平直宽阔；有的海湾周围被陆地紧紧包围，只有一个小口与外海相连，如我国山东半岛的胶州湾；有的则胸怀坦荡，张开双臂，与大海溶为一体，如我国北部的渤海湾、东部的杭州湾和南海的北部湾等。

在漫长的历史年代中，海湾的形状和位置都经历了沧海桑田的巨大变迁。就以杭州湾来说，在五六千年前，现在杭州湾所在的区域还是一片汪洋大海，当时的海湾位置要一直伸入到现在的杭州城一带。海湾的北侧是宝石山、葛岭，南侧是吴山、紫阳山等，西面是挺拔的南、北高峰。现在的西湖和杭州城当时都还淹没在一片碧波荡漾的大海里。随着时间的推移，由于两侧泥沙不断堆积，沙土淤地不断向外向东推进延伸，海湾的位置也逐渐向东移动，最后形成呈大喇叭口似的海湾——杭州湾。

海湾不仅形态各异，而且大小差别也很大。有的海湾面积比海还大，如著名的孟加拉湾、墨西哥湾等。在航海交通等实际活动中，人们往往把海和海湾混为一谈，没有严格的区别。例如，墨西哥湾是海，但称它为湾；阿拉伯海是湾，又把它称为海。

世界十大海湾

孟加拉湾：印度洋北部一海湾，西临印度半岛，东临中南半岛，北临缅甸和孟加拉，南在斯里兰卡至苏门答腊岛一线与印度洋本体相交，经马六甲海峡与暹罗湾和南海相连，是太平洋与印度洋之间的重要通道。面积 217 万平方千米，深度在 2000 ~ 4000 米之间，南半部较深。沿岸国家包括印度、孟加拉国、缅甸、泰国、斯里兰卡、马来西亚和印度尼西亚。印度和缅甸的一些主要河流均流入孟加拉湾。主要河流有：恒河、布拉马普特拉河、伊洛瓦底江、萨尔温江、克里希纳河等等。孟加拉湾中著名的岛屿包括斯里兰卡岛、安达曼群岛、尼科巴群岛、普吉岛等。孟加拉湾沿岸贸易发达，主要港口有：印度的加尔各答、金奈、本地治里，孟加拉国的吉大港，缅甸的仰光、毛淡棉，泰国的普吉，马来西亚的槟榔屿，印度尼西亚的班达亚齐，斯里兰卡的贾夫纳等等。

墨西哥湾：北美洲南部大西洋的一海湾，以佛罗里达半岛—古巴—尤卡坦半岛一线与外海分割，东西长 1609 千米，南北宽 1287 千米，面积 154.3 万平方千米。平均深度 1512 米，最深处 4023 米。有世界第四大河密西西比河由北岸注入。北为美国，南、西为墨西哥，东经佛罗里达海峡与大西洋相连，经尤卡坦海峡与加勒比海相接，是著名的墨西哥湾洋流的起点。大陆沿岸及大陆架富藏石油、天然气和硫黄等矿产。湾内有新奥尔良、阿瑟、休斯敦、坦皮科等重要港口。

几内亚湾：位于非洲西岸，是大西洋的一部分，面积153.3万平方千米。赤道与本初子午线在这里交汇。几内亚湾有尼日尔河、刚果河、沃尔特河注入，为海湾带来大量有机沉积物，经过数百万年形成了石油，今沿岸国家近年备受国际社会重视。沿岸有加纳、多哥、贝宁、尼日利亚、喀麦隆、赤道几内亚等国，沿岸主要港口有洛美、拉各斯、哈尔科特、杜阿拉和马拉博等。

阿拉斯加湾：位于美国阿拉斯加州南缘，西邻阿拉斯加半岛和科迪亚克岛，东接斯潘塞角。面积153.3万平方千米。平均水深2431米，最大水深5659米，是太平洋东北部一个宽阔海湾。沿岸多峡湾和小海湾。陆地上的河流不断地把断裂下来的冰山和河谷中的泥沙、碎石带入海湾中。沿岸主要港口有奇尔库特港等。大陆沿岸地区多火山，渔业资源较丰富。

哈德逊湾：位于加拿大东北部巴芬岛与拉布拉多半岛西侧的大型海湾，面积约120万平方千米。平均水深257米。北部时常有北极熊出现。主要港口有彻奇尔等。

卡奔塔利湾：位于澳大利亚东北部。

巴芬湾：是在一个位于大西洋与北冰洋之间的海，巴芬湾其实是大西洋西北部在格陵兰岛与巴芬岛之间的延伸部分。巴芬湾是英国航海家威廉·巴芬航行此地后，依照其名字命名的。以戴维斯海峡到内尔斯海峡计算，巴芬湾南北长1450千米，面积为689000平方千米。

大澳大利亚湾：西起澳大利亚的帕斯科角，东至南澳大利亚州的卡诺特角。东西长1159千米，南北宽350千米，面积48.4万平方千米。海湾北岸近海区水浅，向远海深度逐渐加深，平均水深950米，最大水深5600米。海岸平直，有连绵不断的悬崖。冬季在强劲西北风控制下风浪甚大，素以风大浪高闻名，船舶难以停泊，只有东岸的斯特里基湾风浪较小能安全停泊。海湾内有勒谢什群岛、纽茨群岛和调查者号群岛。林肯港为大澳大利亚湾中的主要港口。

波斯湾：位于阿拉伯半岛与伊朗之间，阿拉伯语中称作阿拉伯湾，通过霍尔木兹海峡与阿曼湾相连，总面积约23.3万平方千米，长990千米，宽58～338千米。水域不深，平均深度约50米，最深约90米。它是底格里斯河与幼发拉底河出海的地方。北至东北至东方与伊朗相邻，西北为伊拉克和科威特，西到西南方为沙特阿拉伯、巴林、卡塔尔、阿拉伯联合酋长国、阿曼。

暹罗湾：又称泰国湾，是泰国的南海湾，其东南部通南中国海，泰国、柬埔寨、越南濒临其北部和东部，马来西亚在其西部。水域面积大约32万平方千米，平均水深（浅）仅45米，平均盐度为3.5%。

河流与三角洲

潺潺河流

河流在我国的称谓很多，较大的称江、河、川、水，较小的称溪、涧、沟、曲等。藏语称藏布，蒙古语称郭勒。

每条河流都有河源和河口。河源是指河流的发源地，有的是泉水，有的是湖泊、沼泽或是冰川，各河河源情况不尽一样。河口是河流的终点，即河流汇入海洋、其他河流（例如支流汇入干流）、湖泊、沼泽或其他水体的地方。在干旱的沙漠区，有些河流河水沿途消耗于渗漏和蒸发，最后消失在沙漠中，这种河流称为“瞎尾河”。

除河源和河口外，每一条河流根据水文和河谷地形特征，分为上、中、下游三段。上游比降大，流速大，冲刷占优势，河槽多为基岩或砾石；中游比降和流速减小，流量加大，冲刷、淤积都不严重，但河流侧蚀有所发展，河槽多为粗砂。下游比降平缓，流速较小，但流量大，淤积占优势，多浅滩或沙洲，河槽多细砂或淤泥。通常大江大河在入海处都会分多条入海，形成河口三角洲。通常把流入海洋的河流称为外流河，补给外流河的流域范围称为外流流域。流入内陆湖泊或消失于沙漠之中的这类瞎尾河称为内流河，补给内流河的流域范围称为内流流域。我国外流流域面积占全国面积的

63.76%。为沟通不同河流、水系与海洋，发展水上交通运输而开挖的人工河道称为运河，也称渠。为分泄河流洪水，人工开挖的河道称为减河。

我国境内的河流，仅流域面积在1000平方千米以上的就有1500多条。全国径流总量达27000多亿立方米，相当于全球径流总量的5.8%。由于主要河流多发源于青藏高原，落差很大，因此我国的水力资源非常丰富，蕴藏量达6.8亿千瓦，居世界第一位。

我国河流分为外流河和内流河。注入海洋的外流河，流域面积约占全国陆地总面积的64%。长江、黄河、黑龙江、珠江、辽河、海河、淮河等向东流入太平洋；西藏的雅鲁藏布江向东流出国境再向南注入印度洋，这条河流上有长504.6千米、深6009米的世界第一大峡谷——雅鲁藏布大峡谷；新疆的额尔齐斯河则向北流出国境注入北冰洋。流入内陆湖泊或消失于沙漠、盐滩之中的内流河，流域面积约占全国陆地总面积的36%。新疆南部的塔里木河，是我国最长的内流河，全长2179千米。

长江是我国第一大河，仅次于非洲的尼罗河和南美洲的亚马孙河，为世界第三长河。它全长6300千米，流域面积180.9万平方千米。长江中下游地区气候温暖湿润、雨量充沛、土地肥沃，是中国重要的农业区；长江还是我国东西水上运输的大动脉，有“黄金水道”之称。

雅鲁藏布江

黄河是中国第二大河，全长5464千米，流域面积75.2万平方千米。黄河流域牧场丰美、矿藏富饶，历史上曾是中国古代文明的发祥地之一。黑龙江是中国北部的一条大河，全长4350千米，其中有3101千米流经中国境内；珠江为中国南部的一条大河，全长2214千米。除天然河流外，中国还有一条著名的人工河，那就是贯穿南北的京杭大运河。它始凿于公元前5世纪，北起北京，南到浙江杭州，沟通海河、黄河、淮河、长江、钱塘江五大水系，全长1801千米，是世界上开凿最早、最长的人工河。

河流是地球上水分循环的重要路径，对全球的物质、能量的传递与输送起着重要作用。流水还不断地改变着地表形态，形成不同的流水地貌，如冲沟、深切的峡谷、冲积扇、冲积平原及河口三角洲等。在河流密度大的地区，广阔的水面对该地区的气候也具有一定的调节作用。

地形、地质条件对河流的流向、流程、水系特征及河床的比降等起制约作用。河流流域内的气候，特别是气温和降水的变化，对河流的流量、水位变化、冰情等影响很大。土质和植被的状况又影响河流的含沙量。一条河流的水文特征是多方面因素综合作用的结果。例如河流的含沙量，既受土质状况、植被覆盖情况的影响，又受气候因素的影响；降水强度不同，冲刷侵蚀的能力就不同。因此，在土质植被状况相同的情况下，暴雨中心区域的河段含沙量就相应较大。

河流与人类的关系极为密切，因为河流暴露在地表，河水取用方便，是人类可依赖的最主要的淡水资源，也是可更新的能源。

我国的河流具有数量多、地区分布不平衡、水文特征地区差异大、水力资源丰富等特点。这些特点的形成与我国领土广阔，地形多样，地势由青藏高原向东呈阶梯状分布，气候复杂，降水由东南向西北递减等自然环境特点密切相关。

我国的东北平原、华北平原、长江中下游平原以及四川盆地内部的成都平原，都是由河流的冲积作用形成的冲积平原。黄土高原上很多地方受流水侵蚀，使地形具有独有的特征。

多瑙河

多瑙河是一条著名的国际河流，是世界上流经国家最多的一条河流。

它发源于德国西南部黑林山东麓海拔679米的地方，自西向东流经奥地利、捷克、斯洛伐克、匈牙利、克罗地亚、南斯拉夫、保加利亚、罗马尼亚、乌克兰等九个国家后，流入黑海。多瑙河全长2860千米，是欧洲第二大河。

多瑙河像一条蓝色的飘带蜿蜒在欧洲的大地上。

多瑙河沿途接纳了 300 多条大小支流，形成的流域面积达 81.7 万平方千米，比我国的黄河还要大。多瑙河年平均流量为 6430 立方米/秒，入海水量为 203 立方千米。

蓝色多瑙河

多瑙河两岸有许多美丽的城市，她们像一颗颗璀璨的明珠，镶嵌在这条蓝色的飘带上。蓝色的多瑙河缓缓穿过市区，古老的教堂、别墅与青山秀水相映，风光绮丽，十分优美。

尼罗河

尼罗河纵贯非洲大陆东北部，流经布隆迪、卢旺达、坦桑尼亚、乌干达、埃塞俄比亚、苏丹、埃及，跨越世界上面积最大的撒哈拉沙漠，最后注入地中海。流域面积约 335 万平方千米，占非洲大陆面积的九分之一，全长 6650 千米，年平均流量每秒 3100 立方米，为世界最长的河流。尼罗河流域分为七个大区：东非湖区高原、山岳河流区、白尼罗河区、青尼罗河区、阿特巴拉河区、喀士穆以北尼罗河区和尼罗河三角洲。最远的源头是布隆迪东非湖区中的卡盖拉河的发源地。该河北流，经过坦桑尼亚、卢旺达和乌干达，从西边注入非洲第一大湖维多利亚湖。尼罗河干流就源起该湖，称维多利亚尼罗河。河流穿过基奥加湖和艾伯特湖，流出后称艾伯特尼罗河，该河与索巴特河汇合后，称白尼罗河。另一条源出中央埃塞俄比亚高地的青尼罗河与白尼罗河在苏丹的喀士穆汇合，然后在达迈尔以北接纳最后一条主要支流阿特巴拉河，称尼罗河。尼罗河由此向西北绕了一个 S 形，经过三个瀑布后注入纳塞尔水库。河水出水库经埃及首都进入尼罗河三角洲后，分成若干支流，最后注入地中海东端。

黄　河

黄河发源于青藏高原巴颜喀拉山北麓的约古宗列盆地西南缘的雅拉达泽，曲折穿行于黄土高原、华北平原，最后在山东垦利县注入渤海。全长5464千米，有34条重要支流，流域面积75万平方千米，是中国第二大河。黄河以泥沙含量高而闻名于世。其含沙量居世界各大河之冠。据计算，黄河从中游带下的泥沙每年约有16亿吨之多，如果把这些泥沙堆成1米高、1米宽的土墙，可以绕地球赤道27圈。“一碗水半碗泥”的说法，生动地反映了黄河的这一特点。黄河多泥沙是由于其流域为暴雨区，而且中游两岸大部分为黄土高原。大面积深厚而疏松的黄土，加之地表植被破坏严重，在暴雨的冲刷下，滔滔洪水挟带着滚滚黄沙一股脑儿地泄入黄河。由于河水中泥沙过多，使下游河床因泥沙淤积而不断抬高，有些地方河底已经已经高出两岸地面，成为“悬河”。因此，黄河的防汛历来都是国家的重要大事。新中国成立以来，国家在改造黄河方面投入了大量人力物力，黄河两岸的水害逐渐减少，昔日的黄泛区变成了当地人民的美好家园。但是，人们与黄河的斗争还远没有结束，控制水土流失，拦洪筑坝、加固黄河大堤还是十分艰巨的工作。

亚马孙河

亚马孙河是世界上流量最大、流域面积最广的河流。其长度（约6400千米）仅次于尼罗河，为世界第二大河。

据估计，所有在地球表面流动的水约有20%～25%在亚马孙河。河口宽达240千米，泛滥期流量达每秒18万立方米，是密西西比河的10倍。泄水量如此之大，使距岸边160千米内的海水变淡。已知支流有1000多条，其中7条长度超过1600千米。亚马孙河沉积下的肥沃淤泥滋养了65000平方千米的地区，它的流域面积约705万平方千米，几乎是世界上任何其他大河流域的2倍。

塔里木河

塔里木河由发源于天山的阿克苏河、发源于喀喇昆仑山的叶尔羌河以及和田河汇流而成，流域面积19.8平方千米，最后流入台特马湖。它是我国第一大内陆河，全长2179千米，仅次于伏尔加河（3688千米），锡尔—纳伦河（2991千米）、阿姆—喷赤—瓦赫什河（2991千米）和乌拉尔河（2428千米），为世界第五大内陆河。

塔里木河

伏尔加河

伏尔加河是欧洲第一长河，发源于俄罗斯加里宁州奥斯塔什科夫区瓦尔代丘陵东南的湖泊间，源头海拔228米。自源头向东北流至雷宾斯克转向东南，至古比雪夫折向南，流至伏尔加格勒后，向东南注入里海。

河流全长3688千米，流域面积138万平方千米，河口多年平均流量约为8000立方米/秒，年径流量为2540亿立方米。

伏尔加河干流总落差256米，平均坡降0.007。河流流速缓慢，河道弯曲，多沙洲和浅滩，两岸多牛轭湖和废河道。在伏尔加格勒以下，由于流经半荒漠和荒漠，水分被蒸发，没有支流汇入，流量降低。伏尔加河在河口的三角洲上分成80条汊河注入里海。

三角洲

位于大河河口的三角洲，是地质变迁、沧海桑田的历史见证者，也是世界各国经济、文化发展最早最活跃的地区之一，因此又有黄金三角洲之称。

三角洲又称河口平原，是由河水从上游携带的大量泥沙在河口堆积形成的。从平面上看，形状像三角形，顶部指向上游，底边为其外缘，所以叫三角洲。三角洲的面积较大，土层深厚，水网密布，表面平坦，土质肥沃。它与山麓附近的扇状冲积平原不同。扇状冲积平原面积较小，土层较薄，沙砾质地，土质不如三角洲肥沃。

三角洲的主要类型有尖头状三角洲、扇形三角洲和鸟足状三角洲。尖头状三角洲，如我国的长江三角洲；扇状三角洲，如非洲的尼罗河三角洲；鸟足状三角洲，如美国密西西比河三角洲。世界上比较著名的三角洲很多，主要有尼罗河三角洲、密西西比河三角洲、多瑙河三角洲、湄公河三角洲、恒河三角洲以及我国的长江三角洲等。

在海水浅波浪作用较强能将伸出河口的沙嘴冲刷夷平的地区，常形成弧形扇状三角洲。我国黄河三角洲就是在弱潮、多沙条件下形成的扇形三角洲。它的特点是：河流入海泥沙多，三角洲上河道变迁频繁，有时分几股入海。泥沙在河口迅速淤积，形成大的河口沙嘴，沙嘴延伸至一定程度，因比降减小，水流不畅而改道，在新的河口又迅速形成新的沙嘴。而老河口断流后，又受波浪与海流作用，沙嘴逐渐被蚀后退，形成扇状轮廓。直至其上再有新河道流经时，这段岸线才又迅速向前推进。因此，随着河口的不断变迁，三角洲海岸是交替向前推进的，并在海滨分布许多沙嘴，使三角洲岸线路略具齿状。

在波浪作用较弱的河口区，河流分叉为几股同时入海。各叉流的泥沙堆积量均超过波浪的侵蚀量，泥沙沿各岔道堆积延伸，形成长条形大沙嘴伸入海中，使三角洲外形呈鸟足状。美国密西西比河三角洲就是一个典型的鸟足形三角洲。在注入湖泊的河口，也常见有鸟足形三角洲。如我国的鄱阳湖、滇池等湖泊沿岸发育有许多大小不一的鸟足形三角洲。

在波浪作用较强的河口地区，河流以单股入海，或只有小规模的交叉，在此情况下，只有主流出口处沉积量超过波浪的侵蚀量，使三角洲以主流为中心，呈尖形向外伸长，称为尖形三角洲。长江三角洲即属这一类型。

此外，与三角洲形成过程相反，河流来沙量较小，河口受潮流的强烈冲刷作用，无三角洲形成，常成喇叭形，这种河口称为三角港或三角湾，如杭州湾（钱塘江口）就是一个典型的三角港。钱塘江挟沙少，河口海岸下降，潮差大，不仅使河流携带的泥沙不能在河口堆积，而且引起强烈的冲刷，使河口加深与展宽，逐渐形成三角港。三角港更加大了潮差，因而形成著名的钱塘江涌潮。涌潮使泥沙在河口区上段堆积成凸起的拦门沙。

三角洲地区不仅是良好的农耕区，而且对形成石油和天然气也相当有利，世界上许多著名的油田都分布在三角洲地区。

沼　泽

沼泽地大多分布在地表低洼的地区。在这种地区，地势低平，积水较多，气温较低，蒸发量很小。

形成沼泽的原因有两种。一种是水体沼泽化。在江河湖海的边缘或浅水部分，由于泥沙大量堆积，水草丛生，再加上微生物对水草残体的分解，逐渐演变成沼泽。另一种是陆地沼泽化。在森林地带、草垫区、洼地和永久冻土带，地势低平，坡度平缓，排水不畅，地面过于潮湿，繁殖着大量的喜湿性植物，这些植物又霉烂形成黑色泥炭层，逐渐形成沼泽。

在高纬度地区，典型的沼泽常呈现一定的发育过程：随着泥炭的逐渐积累，基质中的矿质营养由多而少，而地表形态却由低洼而趋向隆起，植物也相应发生改变。沼泽发育过程由低级到高级阶段，因此有富养沼泽（低位沼泽）、中养沼泽（中位沼泽）和贫养沼泽（高位沼泽）之分。其中，低位沼泽、中位沼泽、高位沼泽是根据沼泽土壤中水的来源划分的。

沼泽地

富养沼泽（低位沼泽）：是沼泽发育的最初阶段。沼泽表面低洼，经常成为地表径流和地下水汇集的所在。水源补给主要是地下水，随着水流带来大量矿物质，营养较为丰富，灰分含量较高。水和泥炭的 pH 值呈酸性至中性，有的受土壤底部基岩影响呈碱性。如我国川西北若尔盖沼泽的泥炭呈碱性反应，就是因为该区基岩多为灰质页岩与灰岩夹层，pH 值多在 8 左右。富养沼泽中的植物主要是苔草、芦苇、嵩草、木贼、桤木、柳、桦、落叶松、落羽松、水松等等。

贫养沼泽（高位沼泽）：往往是沼泽发育的最后阶段。随着沼泽的发展，泥炭藓增长，泥炭层增厚，沼泽中部隆起，高于周围，故称为高位沼泽或隆起沼泽。水源补给仅靠大气降水，水和泥炭呈强酸性，pH 值为 3～4.5。灰分含量低，营养贫乏，故名。沼泽植物主要是苔藓植物和小灌木杜香、越橘以及草本植物棉花莎草，尤其以泥炭藓为优势，形成高大藓丘，所以贫养沼泽又称泥炭藓沼泽。

中养沼泽（中位沼泽）：属于上述两者之间的过渡类型，由雨水与地表水混合补给，营养状态中等。有富养沼泽植物，也有贫养沼泽植物。苔藓植物较多，但尚未形成藓丘，地表形态平坦，称为中位沼泽或过渡沼泽。

由于沼泽地的土壤有泥炭土与潜育土之分，沼泽可分为泥炭沼泽和潜育沼泽两大类。

另外，按植被生长情况，可以将沼泽分为草本沼泽、泥炭藓沼泽和木本沼泽。

木本沼泽即中位沼泽：主要分布于温带，植被以木本中养分植物为主，有乔木沼泽和灌木沼泽之分，优势植物有杜香属、桦木属和柳属。

草本沼泽：是典型的低位沼泽，类型多，分布广，常年积水或土壤透湿，以苔草及禾本科植物占优势，几乎全为多年生植物，很多植物具根状茎，常交织成厚的草根层或浮毡层。如芦苇和一些苔草沼泽。优势植物有苔草，其次有芦苇、香蒲。

泥炭藓沼泽即高位沼泽，主要分布在北方针叶林带，由于多水、寒冷和贫营养的生境，泥炭藓成为优势植物，还有少数的草本、矮小灌木及乔木能生活在泥炭藓沼泽中，例如羊胡子草、越橘、落叶松等。

世界上的沼泽主要分布在亚洲，其中西西伯利亚的面积最大，欧洲和北美洲也有部分沼泽。我国沼泽主要分布在东北三江平原、大小兴安岭、青藏高原以及一些高山地区。

沼泽地区的植被都是喜湿性草本植物，主要有莎草、苔草和泥炭藓。沼泽地不能长庄稼，有些沼泽下面是无底的泥潭，看上去好像毛茸茸的绿色地毯，人一踏上去就会陷进去。当年许多红军战士就是这样牺牲在沼泽地上的，因此，人们称它为绿色陷阱。现在越来越多的沼泽地正在被改造成良田。

岛屿与地峡

岛　屿

四面环水的小块陆地称为岛屿。其中面积较大的称为岛，如我国的台湾岛；面积特别小的称为屿，如厦门对岸的鼓浪屿。聚集在一起的岛屿称为群岛，如我国的舟山群岛。而按弧线排列的群岛又称为岛弧，如日本群岛、千岛群岛等。三面临水，一面和陆地相连的称半岛，世界上最大的半岛是阿拉伯半岛。

全世界的海岛有 20 多万个，大的可容纳几个中等国家，小的却比一个足球场还小。海岛总面积达 996.35 万平方千米，占地球陆地面积的 6.6%。全世界有 42 个国家的领土全部由岛屿组成。

按岛屿的成因可分成大陆岛、火山岛、珊瑚岛和冲积岛四大类。

大陆岛是一种由大陆向海洋延伸露出水面的岛屿。世界上较大的岛基本上都是大陆岛。它是因地壳上升、陆地下沉或海面上升、海水侵入，使部分陆地与大陆分离而形成的。世界上最大的格陵兰岛、著名的日本列岛、大不列颠群岛以及我国的台湾岛、海南岛，都是大陆岛。

火山岛是因海底火山持久喷发，岩浆逐渐堆积，最后露出水面而形成的。如夏威夷群岛是由一系列海底火山喷发而成，露出水面后呈长长的直线形。

珊瑚岛是由热带、亚热带海洋中的珊瑚虫残骸及其他壳体动物残骸堆积而成的，主要集中于南太平洋和印度洋中。珊瑚礁有三种类型：岸礁、堡礁和环礁。世界上最大的堡礁是澳大利亚东海岸的大堡礁，长达 2000 千米以上，宽 50 ~ 60 千米，十分壮观。

冲积岛一般都位于大河的出口处或平原海岸的外侧，是河流泥沙或海流作用堆积而成的新陆地。世界最大的冲积岛是位于亚马孙河河口的马拉若岛。

海岛在人类文明的发展史上，具有独特的地位，有过重要的贡献。利用海岛的自然优势，可以建立起各种优异的商港、渔港、军港、工业基地。风光秀丽、气候宜人的海岛更是人们向往的旅游胜地。

地　峡

地峡就像一座土桥，有的把两块大陆连接起来。如巴拿马地峡将南美洲和北美洲连接起来；有的把半岛和大陆连接起来，如克拉地峡是联系马来半岛和亚欧大陆的桥梁。

科林斯地峡

地峡的成因很复杂，有的是大陆板块漂移造成的，有的则是陆地部分下沉到海中造成的。在地球上，地峡分布很少，比较重要的有南、北美洲之间的巴拿马地峡，亚洲和非洲之间的苏伊士地峡，马来半岛和亚洲大陆之间的克拉地峡。

地峡的地理位置特别重要，它是沟通大陆和大陆、大陆和半岛的中间桥梁，也是交通的咽喉要道。地峡比较狭窄，两边邻水，是开凿运河的良好地段。如巴拿马运河通过中关地峡，联系大西洋和太平洋；苏伊士运河穿过苏伊士地峡，沟通地中海和红海、印度洋。在地峡处开凿运河，沟通洋或海，能节约海上航程。例如轮船从美国西部海港向南航行，穿过巴拿马运河到南美洲东部港口，要比绕道南美洲南端缩短1万千米。

地球的资源

DIQIU DE ZIYUAN

本书中所讲地球的资源主要是指自然资源，如阳光、空气、水、土地、森林、草原、动物、矿藏等。地球是目前人类赖以生存的惟一家园。但是，随着人口的不断增加和世界经济的快速发展，地球的负荷越来越重，经济社会发展与资源环境的矛盾日益突出。很多资源并不是取之不尽、用之不竭的，严峻的现实给人类敲响了警钟：人类只有“自救”才能遏止地球资源快速衰竭的脚步。今天，转变经济发展方式，节约资源能源，已越来越成为大家的共识和行动。

水资源

要谈地球上的水，不妨先让我们作一个假设：如果火星上也有居民，并且与我们有共同的语言，那么当“火星人”用极其强大的望远镜透过地球的大气层看地球时，他们会把地球叫做“水球”。这是因为在“火星人”看来，整个地球差不多是被碧蓝色的海水覆盖着。

海洋面积占地球表面的71%，如果将海洋中所有的水均匀地铺盖在地球表面，地球表面就会形成一个厚度 2700 米的水圈。“水球”的名字名副其实。

水是宝贵的自然资源，也是自然生态环境中最积极、最活跃的因素。同时，水又是人类生存和社会经济活动的基本条件。

大家看看地球仪，便可发现地球上的海陆分布是有一定特征的。北极圈里是一个几乎被大陆包围着的海洋，叫做北冰洋；南极圈里却是一个被海洋包围着的陆地，叫做南极洲。此外，我们还看到陆地主要分布在北半球，越向南半球，陆地面积越来越小；海洋的面积越来越大。在不同纬度地带上的海陆分布的比例也各有不同。

地球上的海洋是互相联系着的一个整体。人们根据习惯把它分成太平洋、大西洋、印度洋、北冰洋四个大洋。其中最大的是太平洋。它位于亚洲、南美洲、北美洲、澳洲和南极洲之间，面积为一亿七千九百六十八万平方公里，约占海洋总面积的百分之五十，它的水量几乎占地球表面总水量的一半。太平洋也是世界上最深的大洋，平均深度为四千三百米。最深处在太平洋西部的马利亚纳海沟，达一万一千零三十三米。人类至今还未达到过这么深的地方。1960 年 1 月，有个叫皮卡尔的比利时人，曾乘坐专门制造的深海潜水器，在马利亚纳海沟，下潜到一万零九百一十九米的地方。这是目前人类探索洋底的最深记录，但离最深的洋底还差一百一十四米呢。

大西洋位于欧洲、非洲、南美洲和北美洲之间，南临南极洲，北连北冰洋，面积约为九千三百三十六万平方公里，差不多要比太平洋小一半。平均深度为三千九百二十六米，是世界第二大洋。

印度洋位于亚洲、非洲和澳洲之间，南临南极洲，面积为七千四百九十一万平方公里，平均深度为三千八百九十七米，是世界第三大洋。

北冰洋位于欧亚大陆和北美洲之间，大致以北极为中心，绝大部分在北极圈内。它是世界大洋中最小的一个，面积只有一千三百一十万平方公里，仅占海洋总面积的百分之四弱，平均深度也只有一千二百多米。北冰洋是个寒冷的海洋。它的表层海水温度年平均为摄氏零下一至二度，几乎是一个“千里冰封”的世界。

地球上的水除海洋外，还有河流、湖泊，以及藏在土壤和岩层的孔隙和裂隙中的水。分布在陆地表面上的水叫“地表水”，藏在土壤和岩石中的水叫“地下水”。

陆地上的巨大水体是湖泊，各大陆上差不多都有一些大湖。欧亚大陆交界处的里海，面积有三十七万一千多平方公里，是世界上最大的湖。不过里海的水与海水一样是咸的，这种湖叫做“咸水湖”。欧亚大陆上中亚细亚的咸海，面积六万六千多平方公里，也是一个咸水湖。亚洲的贝加尔湖，面积三万一千多平方公里，它的最大深度为一千七百四十一米，是世界上最深的湖泊。

北美洲可说是世界上大湖最多的地方。尤以位于加拿大和美国边界上的苏必利尔湖、休伦湖、密治安湖、伊利湖和安大略湖为最著名，其中苏必利尔湖是世界上第二大湖。这些大湖之间由水道和瀑布互相连通，面积共为二十四万五千多平方公里，号称“五大湖”。此外，加拿大的大熊湖和大奴湖，面积各为三万一千和三万平方公里，也是北美洲的大湖。

非洲的大湖有维多利亚湖，面积约为六万九千平方公里，坦噶尼喀湖，面积约为三万三千平方公里，以及尼亚萨湖，面积约为三万平方公里。这些大湖集中分布在东非地区。其中维多利亚湖是世界第三大湖。所有这些大湖，除里海、咸海外，都是淡水湖。

陆地上除了湖泊外，还有为数众多的河流，它们把大量地表水汇集起来，不停地送入海洋。少数河流则流入大陆内部的沙漠或内陆湖泊。世界上的大河，如按它们的长度来说，最长的是南美洲的亚马孙河，全长六千四百八十公里；非洲的尼罗河全长六千四百五十公里，居世界第二；北美洲的密西西比河，全长六千四百三十公里，居世界第三。在亚洲，我国的长江和黄河，分别长五千八百公里和四千八百四十五公里，是世界第四和第五长河。此外，欧洲最长的河是伏尔加河，全长三千六百九十公里；澳洲的大河是墨累河，长二千五百七十公里，但它们在世界大河中已不足称道了。

如果按河流每年入海的总水量来说，那些位于热带、亚热带降雨丰沛地区的大河便名列前茅了。其中，亚马孙河仍然遥遥领先，居世界第一位。它每年入海的总水量约为三千七百八十七立方公里；非洲的第二长河刚果河，每年入海的总水量约为一千二百立方公里，跃居世界第二；我国的长江居世界第三位，每年入海总水量约一千立方公里，是欧洲第一大河伏尔加河的四倍；而黄河由于流经干旱、半干旱的北温带，流域面积比其他大河又小，所以它每年入海的总水量仅五十一立方公里，只是长江入海总水量的二十分之一稍多些。

自然界的水通常是以液态、气态和固态三种形式出现的。海洋、湖泊及河流等水体主要是液态水，而气态水主要分布在大气中。一般地说，水汽主要分布在大气层的底层即对流层里。在大气层的顶部电离层里，水已分解成为氢和氧的离子状态了。

对流层里的水汽分布是很不均匀的。如海洋上空含的水汽多，大陆内部干旱的沙漠上空含的水汽少。平均起来，一立方米空气中水的含量为0.2－1克，在个别情况下，如在积雨云里，一立方米空气中可含4－5克，甚至更多。空气中水汽总量是很微小的，但它却是地球上水的一个极重要的组成部分。

地球上的固态水——冰和雪，主要分布在气候寒冷的地方，如南、北极地区或海拔很高的山上。这些地方经常下雪，同时积雪也不易融化。因此大量的雪，年复一年地积聚起来，互相压实、冻结，形成了坚硬的冰层，覆盖着地面和山峰。在南极洲和北极地区的格陵兰岛，这种面积广、厚度大的冰层被称为大陆冰川；覆盖在高山上的冰层叫做高山冰川。例如在我国的青藏高原和帕米尔高原的高山上，以及位于赤道地区的非洲乞力马扎罗山顶上都有这种高山冰川。

整个地球上，冰川的面积有一千六百三十万平方公里，约占陆地总面积的11%。其中，南极湘和格陵兰岛的大陆冰川便占了冰川总面积的99%，所以说南极洲和格陵兰岛是地球上最大的天然冰库。

既然水在地球上分布得如此广泛，从天空到地下都有，那么地球上到底有多少水呢？要回答这个问题却很不容易。不少科学家曾搜集了许多资料，用不同的方法作过许多分析和计算，到目前为止仍不过是提出一些各不相同的概略数字而已。

根据大家所常引用的估算数字，地球上海洋水体的总量约为十三亿七千万立方公里，占地表总水量的97.6%。地球上的固态水，即分布在极地的大陆冰川和高山冰川，总共约有三千万立方公里。这些冰川如果完全融化成淡水的话，将会使世界海洋面上涨五十多米，能把陆地上广大的平原变成水乡泽国。

陆地上的水，包括蓄在河流、湖泊、水库、沼泽及地表土壤层中的水，估计约有四百万立方公里。而空气中的水只有一万二千立方公里。

由此看来，地球表面的总水量约为十四亿多立方公里。其中除海水占绝大部分外，冰川占2.1%，陆地水占0.3%，大气中的水量最少，仅占全部水量的百万分之九。

除地表水外，岩层中和地球内部尚含有大量的水。它与人类的生产和生活密切相关。有人估算这部分地下水约有六千万到一亿立方公里，而其中与地表水能进行相互交换和沟通的地下水约有四百万立方公里。在人类今后的生产和生活中，对这部分地下水的开发和利用将更加重视。

淡水是我们人类赖以生存的必需资源，那么它在地球上占据多少呢？科学家经过精心测定和计算得出结论，地球上的淡水总量约为3.8亿亿吨，是地球总水量的2.8%。然而，如此有限的淡水量却以固态、液态和气态的几种形式存在于陆地的冰川、地下水、地表水和水蒸气中，其比例分布是：极地冰川占有地球淡水总量的75%，地下水占地球淡水总量的22.6%，河流和湖泊占地球淡水总量的0.6%，大气中水蒸气量为地球淡水总量的0.03%，地球可供陆地生命使用的淡水量不到地球总水量的千分之三，因此陆地上的淡水资源量是很紧缺的。

我国全国多年平均地表水资源量为27115亿立方米，多年平均地下水资源量为8288亿立方米，扣除两者之间的重复计算水量7279亿立方米后，全国多年平均水资源总量为28124亿立方米。全国水资源利用分为9个一级区，北方5区多年平均水资源总量为5358亿立方米，占全国的19%，平均产水模数为8.8万立方米/平方公里，水资源贫乏；南方4区多年平均水资源总量为22766亿立方米，占全国的81%，平均产水模数为65.4万立方米/平方公里，为北方的7.4倍，水资源丰富。

煤炭资源

煤炭的历史

元代初期，意大利旅行家马可·波罗（1254—1324 年）到中国旅行，从公元1275 年5 月到内蒙古多伦西北的上都，至公元1292 年初离开中国，游历了新疆、甘肃、内蒙古、山西、陕西、四川、云南、山东、浙江、福建和北京。

他在各地看到中国人用一种“黑乎乎”的石头烧火做饭，还用来炼铁，感到很新奇，后来还把它带回欧洲。因为欧洲人都是用木炭作燃料，还不知道这种黑石头为何物。马可·波罗回国后，在1228 年威尼斯和热那亚战争中被俘，在狱中口述了在中国的见闻，由同狱的鲁思梯谦笔录成《马可·波罗游记》，其中专门谈到了中国这种可以炼铁的“黑石头”及其用法。这种“黑石头”就是人人皆知的煤。

欧洲人那时不知道煤可以作燃料。直到 16 世纪，欧洲人才开始用煤炼铁。煤有很高的热值，能熔炼熔点很高的铁，欧洲炼铁比中国要晚一千多年，这和不知道煤的作用有很大关系。

考古学家证明，我国早在汉代就已普遍用煤作燃料。在河南巩县铁生沟和古荥镇等西汉冶铁遗址都发现了煤饼和煤屑。在《后汉书》中记载：“县有葛乡，有石炭二顷，可燃以爨。”意思是，该县有一处叫葛乡的地方，那里有二顷地的范围生产石炭，它可用来烧饭。可见，当时用煤烧火做饭在民间已经普及。到晋代及十六国时期，采煤炼铁已传到边疆。古书《水经注·河水篇》记载：“屈茨北二百里有山（即突厥金山），人取此山石炭，冶此山铁，恒充三十六国用。”说明当时用煤来冶炼铁的规模之大。

古时，人们把煤称为石炭、石涅或石墨等，别看其貌墨黑，却也成为古人赋诗的对象。如南朝陈代的张居正写有“奇香分细雾，石炭捣轻纨”的诗句。唐代李峤存写有“长安分石炭，上党结松心”。

煤炭的成因

煤炭是千百万年来植物的枝叶和根茎，在地面上堆积而成的一层极厚的黑色的腐植质，由于地壳的变动不断地埋入地下，长期与空气隔绝，并在高温高压下，经过一系列复杂的物理化学变化等因素，形成的黑色可燃沉积岩，这就是煤炭的形成过程。

对于上述成因，有些论述值得进一步加以研究和探讨。一座大的煤矿，煤层很厚，煤质很优，但总的来说它的面积并不算很大。如果是千百万年植物的枝叶和根茎自然堆积而成的，它的面积应当是很大的。因为在远古时期地球上到处都是森林和草原，因此，地下也应当到处有储存煤炭的痕迹；煤层也不一定很厚，因为植物的枝叶、根茎腐烂变成腐植质，又会被植物吸收，如此反复，最终被埋入地下时也不会那么集中，土层与煤层的界限也不会划分得那么清楚。

但是，无可否认的事实和依据，煤炭千真万确是植物的残骸经过一系列的演变形成的，这是颠扑不破的真理。只要仔细观察一下煤块，就可以看到有植物的叶和根茎的痕迹；如果把煤切成薄片放到显微镜下观察，就能发现非常清楚的植物组织和构造，而且有时在煤层里还保存着像树干一类的东西，有的煤层里还包裹着完整的昆虫化石。值得探讨的是它为何形成得如此集中，而且又是那么如此的优质呢？

由此我们便可以推断出煤炭的形成可能与洪水有直接关系。如果没有洪水那样强大的力量和搬运的功能，煤炭的形成绝对不会那么集中，也不会那么优质。

我们可以设想一下，在千百万年前的地质历史期间，由于气候条件非常适宜，地面上生长着繁茂高大的植物，在海滨和内陆沼泽地带，也生长着大量的植物，那时的雨量又是相当的充沛，当百年一遇的洪水或海啸等自然灾害降临时，就会淹没了草原、淹没了大片森林，那里的大小植物就会被连根拔起，漂浮在水面上，植物根须上的泥土也会随之被冲刷得干干净净，这些带着须根和枝杈的大小树木及草类植物也会相互攀缠在一起，顺流漂浮而下，一旦被冲到浅滩、湾叉就会搁浅，它们就会在那里安家落户，并且像筛子一样把所有的漂浮物筛选在那里，很快这里就会形成一道屏障，并且这个地方还会是下次洪水堆积植物残骸（也会有许多动物的残骸）的地方。当洪水消退后，这里就会形成一道逶迤的堆积植物残骸的丘陵，再经过长期的地质变化，这座植物残骸的丘陵就会逐渐地埋入地下，最后演变成今天的煤矿。

不仅洪水有搬运动植物这样的能力，而且潮汐、台风、海啸也具备这样的能力。由于地震、火山喷发等因素引起的海啸，可以使海浪掀起三四十米还高，并且在顷刻之间把一个岛屿上的动植物扫荡一空；把海岸线附近的一切生物全部洗劫。

再者，地球表面上的物质不可能永久的一成不变地等待着地球进行沉降运动的，而且地球表面上的物质是在不断地循环流动着的。因此，“水灾说”是使煤炭形成得如此集中、优质，还是有一定的道理的，是有说服力的，也是能够令人信服的。

知识点

我国的煤炭资源

我国是世界上产煤最多的国家。我国的煤炭资源分布十分广泛而又不均匀，主要分布在山西、内蒙古、陕西、河南、山东、河北一带，以及安徽、江苏两省北部，新疆、贵州、云南、黑龙江等省、区也不少。其中，尤以山西、内蒙古、新疆、陕西最为集中，仅山西、内蒙古两省区的煤炭储量就占全国煤炭总储量的60%以上。由于我国的煤炭资源主要分布在北方，因而我国的煤炭基地也主要在北方。全国年产量超1000万吨的十二个大煤矿，有十个在北方。

目前，我国最大的煤矿是山西的大同，年产量达3500万吨以上，被誉为“煤都”。在大同的西南，有我国也是世界最大的露天煤矿——山西平朔的安太堡露天煤矿，年产量达1533万吨。它是我国现代化水平最高的煤矿，从剥离到采煤，从运输到选煤，全部是现代化设备。在这里，你可以看到世界上最大的斗容25立方米的特大电铲，不停地把土和岩石剥掉，把煤挖出来。然后，通过我国第一条现代化铁路——大秦铁路线，将煤运到我国最大的煤炭转运港——秦皇岛港。由此再转运到我国的东北、华东和华南等地区，支持着那里的生产建设。

石油资源

石油的历史

石油堪称一种现代能源，但它的历史也很悠久。过去西方人说中国是“缺油国”，实际上我国不仅有石油，而且是世界上开采和利用石油最早的国家。早在西周时期，人们就观察到石油浮出水面燃烧的现象。因此在古书《易经》中有“泽中有火”的记载，即看到沼泽水面上的石油着火。《汉书·地理志》和《汉书·郡国志》也记述在陕西和甘肃玉门很早就发现过石油，说在上郡高奴（今陕西延长一带）有一种可以燃烧的水，书上写的是“洧水可燃”。在甘肃酒泉一带有一种水像肉汤一样粘乎乎的，点燃后可以发出很亮的火。当时的人把这种东西叫石漆，用于油漆木器。其实这些“水”，就是石油。

古时候，中国的石油有许多别名，有人叫它为石脂水，因为它常从石头缝中流出来。有人叫它雄黄油，因为它燃烧时浓烟滚滚，发出一股股硫黄气味。到了宋代，在我国著名科学家沈括写的《梦溪笔谈》那本书中，石油这个名字才正式出现，而后一直沿用至今。我国古代的石油，主要不是作为能源燃料，而是用来制作润滑剂，或用石油燃烧时的烟灰作墨。用它点灯照明的当然也有。

我国人工开采石油的历史也很早，公元1303年出版的《大元大一统志》中记载说，在延长县迎河开石油井，其油可燃，兼治六畜疥癣。明曹学佺著《蜀中广记》中还记载了公元1521年（明代正德十六年）在四川嘉州（今乐山）开盐井时打入含油地层，凿成了一口深度至少几百米的石油竖井，利用它来作为熬盐的燃料。

在西方，到1859年，美国人埃德温·德雷克才在宾夕法尼亚州的泰特斯维尔钻成第一口石油井，比我国晚五百多年。但我国近代的石油开采较晚，特别是在技术上很落后。直到解放后，石油的开采才出现了新的局面。现在，我国年产石油达一亿多吨，但依然供不应求。因为石油比煤炭更为有用，它可以用来作为火车、汽车、飞机等交通工具的燃料，比烧煤方便得多。

石油的成因

石油是当今世界使用最普遍的能源和最重要的化工原料。然而关于石油的起源，自从100~200年前，俄国两位有名的科学家分别提出了石油的有机成因和无机成因以来，学者们也就分成旗帜鲜明的两大学派，各持一说，至今仍争论不休，难分胜负。

世界上第一个试图探索石油成因的是俄国的罗蒙诺索夫。早在1763年，他就提出了以下观点："地下肥沃的物质，如油页岩、碳、沥青、石油和琥珀……都起源于植物。因为油页岩不是什么别的东西，而是古代从结果实的地方和从树林里被雨水冲刷下来的烂草和烂叶变成的黑土，它像淤泥般沉在湖底……树脂和石油以它们的（重量）轻和树脂的可燃性表明它们的成因也是同样的。"

1876年，俄国另一位著名人物、元素周期表的创始人门捷列夫提出了一个截然不同的观点：地球上有丰富的铁和碳，在地球形成初期可能化合成大量碳化铁，以后又与过热的地下水作用，遂生成碳氢化合物，而碳氢化合物类似于石油。已生成的碳氢化合物沿地壳裂缝上升到适当部位储存冷凝，形成石油矿藏。"碳化说"曾流行一时，但不久因为在地球深处并没有发现大量碳化铁的迹象，而且地球深处也不可能有地下水存在，此说渐渐被人们所否定。

这一期间，天文学家利用光谱分析，发现太阳系某些行星大气层和彗星核部都有碳氢化合物存在。它们显然与生物作用无关。俄国的索柯洛夫即于1889年推出石油成因"宇宙说"，认为地球在诞生伊始尚处于熔融的火球状态时，吸收了原始大气中的碳氢化合物。随着地球不断冷却，被吸收的碳氢化合物也逐渐冷凝埋藏在地壳中形成石油。反对者则指出，地球形成的大气成分与现代大气差不多，不可能存在大量碳氢化合物；即使有的话，遇到高温有熔融状的地球也早就分解了。

人们把"碳化说"、"宇宙说"称为无机成因说。还有一种无机成因说，叫"火山说"。持"火山说"的人不多，他们认为石油是火山喷发作用的产物，但世界上位于火山带的油矿毕竟是极少数，这种学说无法解释大量的不存在于火山带的油矿的形成。

到了1888年，杰菲尔继承罗蒙诺索夫的有机成因说，向无机成因说“发难”。他认为所有石油都是海生动物的脂肪经过一系列变化而形成。不久又有人提出植物残骸在湖或海底受温度压力等影响生成有机质，然后再转化成石油的观点，其中有的强调海生植物的重要性，有的则说陆生植物对石油生成更有利。上世纪30年代，前苏联科学家古勃金综合两家意见，发表“动植物混合成因说”，认为动植物的混合物经一系列变化更有利于生成石油。石油有机形成的最新理论认为，形成石油和天然气的有机物包括陆生和水生的生物，而以繁殖量最大的浮游生物为主。它们同泥沙和其他矿物质一起，在低洼的浅海、海湾或湖泊中沉积下来，首先形成有机淤泥，有机淤泥被新的沉积物所覆盖，造成与空气隔绝的还原环境。随着低洼地区不断沉降，沉积物不断加厚，有机淤泥承受的压力和温度也不断加大，经过生物化学、热催化、热裂解、高温度质等阶段，逐渐转化为石油和天然气。

上世纪40～50年代，人们普遍认为石油烃类是沉积岩中的分散有机质在成岩作用早期转变而成的。有人在现代沉积物中发现了与沉积物几乎同时形成的烃类物质，在此基础上提出了有机成因早期成油说，又称“分子生油说”。60年代，取代“分子生油说”的是晚期成油说。晚期成油说认为，当沉积物埋藏到较大深度，到了成岩作用的晚期、蕴藏在岩石中的不溶有机物质——酐酪根，才达到成熟热解而生成石油，因此又被称为“酐酪根生油说”。

然而，无机成因学派并未偃旗息鼓。1951年，在过去四十年中一直是有机成因论者的苏联地质学家库德梁采夫，突然一百八十度大转弯，创立“岩浆说”。他深信地球深处的岩浆中不仅存在碳和氢，而且还有氧、硫、氮及石油中的其他微量元素。它们在岩浆由高温到低温的变化过程中，自会发生一系列的化学反应，从而形成一系列石油中的化合物。然后伴随着岩浆的侵入和喷发，这些石油化合物在地壳内部的有利部位经运移和聚集而形成石油矿藏。

美国康奈尔大学的天文学家高尔德，1977年起，在宇宙说和岩浆说的基础上，多次提出：石油来自地球深处，而且早在45亿年前地球形成时就已产生。他反驳有机说的理由是：世界上油矿的规模比其他任何沉积矿体大得多，已查明的油气储量也比原先根据生物成因说估计的高出数百倍之多；最难以解释的是许多油气伴生氦，但生物对氦的浓集不起任何作用；再有，生物作用无法说明世界油田分布高度集中的现象（指中东）。另外，按照传统理论，花岗岩是火成岩，不可能有油气，可是高尔德预言，瑞典中部一个欧洲最大的陨石冲击坑——呈环状的锡利延地区，系由花岗岩构成，却因有陨石撞击产生巨大裂缝，足以使地下深处的碳氢化合物流到地壳表层。

由此可见，现在要对石油的成因下结论，还为时过早。

石油的特性与作用

石油是以液态碳氢化合物为主的复杂混合物。其中碳占80%～90%，氢占10%～14%，其他元素有氧、硫、氮等，总计占1%，有时可达2%～3%，个别油田含量可达5%～7%。

石油是液体，比重小于水，比其他燃料容易开采，并且占有容积小，容易运输。同时，和一般燃料比较，它的可燃性好，发热量高，比如燃烧1千克石油可以产生4万焦耳的热量，而燃烧1千克煤只有2万～3万焦耳的热量，燃烧1千克木柴只有0.8万～1万焦耳的热量。这样，石油燃烧的热量比最好的煤要高一倍左右。石油还有易燃烧、燃烧充分和燃烧后不留灰烬的特点，正符合内燃机的要求。所以，不论在陆地、海上或空中交通运输，石油都是重要的动力燃料。在军事上，石油是重要的战略物资之一，许多新型武器，如超音速飞机，有些导弹和火箭，也都是用石油提炼出的产品作燃料的。石油在工业燃料和现代农业机械燃料中所占的比重，也正在不断上升。

天然气资源

天然气的形成与划分

天然气是埋藏在地下的古生物经过亿万年的高温和高压等作用而形成的可燃气体。天然气其主要成分是甲烷，是一种无色无味无毒、热值高、燃烧稳定、洁净环保的优质能源。天然气是较为安全的燃气之一，它不含一氧化碳，也比空气轻，一旦泄漏，立即会向上扩散。不易积聚形成爆炸性气体，安全性较高。

根据形成机理，天然气可划分为有机成因气和无机成因气两大类。所谓有机成因气是指分散的沉积有机质或可燃有机矿产（油、煤和油页岩），在其成岩成熟过程中，由微生物降解和热解作用形成的以烃气为主的天然气，就目前的研究程度来看，现今发现的天然气绝大部分属于有机成因气。显然，这是一个非常庞大的类型。根据成气的主要作用因素，可进一步将有机成因气分为生物成因气（包括成岩气）和热解气，后者是有机成因气的主体，还可根据成气有机质类型的不同再进一步划分：将由成油有机质（Ⅰ、Ⅱ型干酪根）形成与石油相伴生成的天然气称为油型气；而将Ⅲ型干酪根和成煤有机质在成煤变质过程中形成的天然气称为煤型气。这样就将天然气划分为四种基本的成因类型，即生物成因气、油型气、煤型气和无机成因气。

油型气是石油烃类天然气，它们是沉积有机质特别是腐泥型有机质在热降解成油过程中，与石油一起形成的，或者是在后成作用阶段由有机质和早期形成的液态石油热裂解形成的。煤型气是指煤系有机质（包括煤层和煤系地层中的分散有机质）热演化生成的天然气。生物成因气指成岩作用（阶段）早期，在浅层生物化学作用带内，沉积有机质经微生物的群体发酵和合成作用形成的天然气。其中有时混有早期低温降解形成的气体。生物成因气出现在埋藏浅、时代新和演化程度低的岩层中，以含甲烷气为主。

如果按其生产来划分，可划分为液化石油气、液化天然气、压缩天然气三种。

液化石油气是开采和炼制石油过程中产生的副产品，其主要成分是丙烷。液化天然气是当天然气在大气压下，冷却至约－162℃时，天然气气态转变成液态，称为液化天然气。液化天然气无色、无味、无毒且无腐蚀性，其体积约为同量气态天然气体积的1/600，液化天然气的重量仅为同体积水的45%左右。压缩天然气是天然气加压并以气态储存在容器中。它与管道天然气的成分相同，可作为车辆燃料利用。

我国天然气产区按成因类型和聚集规律不同，可以划分为七大块。即松辽盆地块、渤海湾盆地块、四川盆地块、鄂尔多斯盆地块、塔里木盆地块、柴达木盆地块、沿海大陆架块。

天然气的用途及优点

天然气主要可用于发电，以天然气为燃料的燃气轮机电厂的废物排放水平大大低于燃煤与燃油电厂，而且发电效率高，建设成本低，建设速度快；另外，燃气轮机启停速度快，调峰能力强，耗水量少，占地省。

天然气也可用作化工原料。以天然气为原料的一次加工产品主要有合成氨、甲醇、炭黑等近20个品种，经二次或三次加工后的重要化工产品则包括甲醛、醋酸、碳酸二甲酯等50个品种以上。以天然气为原料的化工生产装置投资省、能耗低、占地少、人员少、环保性好、运营成本低。天然气占氮肥生产原料的比重，世界平均为80%左右。

天然气广泛用于民用及商业燃气灶具、热水器、采暖及制冷城市燃气事业，特别是居民生活用燃料。随着人民生活水平的提高及环保意识的增强，大部分城市对天然气的需求明显增加。天然气作为民用燃料的经济效益也大于工业燃料。

天然气

天然气是一种多组分的混合气体，主要成分是烷烃，其中甲烷占绝大多数，另有少量的乙烷、丙烷和丁烷，此外一般还含有硫化氢、二氧化碳、氮和水汽，以及微量的惰性气体，如氦和氩等。在标准状况下，甲烷至丁烷以气体状态存在，戊烷以上为液体。

天然气是现代广泛应用的工业和民用燃料，尤其深受城镇居民的青睐。当天然气通过管道送到每家每户时，烧火做饭像开自来水一样方便，比烧煤要舒适干净得多。

目前，世界天然气的产量猛增。1990 年，世界天然气年产量至少达到 1.86 兆亿立方米。其中以前苏联的天然气产量最高，约占世界的 39%。美国次之，约占 24%。我国的天然气产量 1985 年时为 170 亿立方米，占当时世界的第 14 位。天然气专家预测，到 2010 年，天然气在总能源中所占的比例，将由 1985 年的 19% 增加到 26%，超过石油的比例。

沼气资源

我国沼气的发展历史

我国虽然很早就发现了沼气，但是真正开始推广应用是在 20 世纪 20 年代后期。一位叫罗国瑞的人，在广东的潮梅地区建成了我国第一个有实际使用价值的混凝土沼气池，并成立了“中国国瑞瓦斯总行”（当时称“沼气”为“瓦斯”），专门建造沼气池和生产沼气灯具等，推广沼气实用技术。到了 30 年代，我国许多地方都建造了这种类型的沼气池。解放后，我国政府曾多次组织推广沼气技术。

20 世纪 60 年代末到 70 年代初，我国出现了兴建沼气的热潮，全国建起了 600 多万个沼气池，基本上都是农村家用沼气池及少量大中型人、畜粪便沼气池。但由于技术水平的限制及发展速度过快，沼气池的设计和施工都很不规范，缺乏正确的技术管理，能有效使用的沼气池为数很少。1979 年，国务院成立了全国沼气建设领导小组，认真总结了沼气工作中的经验教训，1988 年又成立了中国沼气协会，组织 1700 多名沼气技术工作者，对沼气的关键技术进行协作攻关，提出了“因地制宜、坚持质量、建管并重、综合利用、讲求实效、积极稳步发展”的沼气建设方针，开展了大规模的基础应用技术研究，引进消化国外厌氧研究新成果，逐步形成了规范标准的水压式沼气池及相配套的科学建池技术、发酵工艺及配套设备，使我国沼气建设进入了健康、稳步发展的阶段。

沼　气

沼气自古就出现在沼泽、河底、湖底、池塘、污水池等厌氧环境中，是植物等有机质在微生物的作用下腐烂、分解出来的一种可燃气体。由于通常出现在沼泽地带，就俗称沼气。

沼气由50%～80%甲烷、20%～40%二氧化碳、0%～5%氮气、小于1%的氢气、小于0.4%的氧气与0.1%～3%硫化氢等气体组成。由于沼气含有少量硫化氢，所以略带臭味。其特性与天然气相似。空气中如含有8.6～20.8%（按体积计）的沼气时，就会形成爆炸性的混合气体。

沼气的主要成分甲烷是一种理想的气体燃料，它无色无味，与适量空气混合后即可燃烧。每立方米纯甲烷的发热量为34000焦耳，每立方米沼气的发热量约为20800～23600焦耳。即1立方米沼气完全燃烧后，能产生相当于0.7千克无烟煤提供的热量。与其他燃气相比，其抗爆性能较好，是一种很好的清洁燃料。沼气除直接燃烧用于炊事、烘干农副产品、供暖、照明和气焊等外，还可作内燃机的燃料以及生产甲醇、福尔马林、四氯化碳等化工原料。经沼气装置发酵后排出的料液和沉渣，含有较丰富的营养物质，可用作肥料和饲料。

海洋资源

大海中的化学资源

化学元素在海水中的含量差别很大。人们为了方便，根据它含量的多少，大体上分为三类：每升海水中含有100毫克以上的元素，叫常量元素；含有1至100毫克的元素，叫微量元素；1毫克以下的元素，叫痕量元素。人们根据海水中元素的性质，又把它们分为金属元素和非金属元素两大类。金属元素如：钠、镁、钙、钾、钡、锶、铷等。非金属元素如：氯、溴、碘、硫等。

海水中有的元素尽管含量很微小，但是由于海水量很大，所以总的储量却相当可观。比如海水中含有的黄金，每升水中仅含有 0.000004 毫升，但是，海水中金的总储量却有 600 万吨。如果把海水中的金全部提取出来，那么黄金就和现在的铝一样，变得非常平凡了。与海水中元素储量相比，人类从海水中提取的金属量是很少很少的。就拿现在世界上从海水中提取量最大的金属镁来说，每年的产量还不到一立方千米的海水中储量的十分之一。钠、钙、钾的产量只不过是海水总储量的三亿分之一。

就海中元素而言，人们现在提取量最多的还是海盐。大家知道，盐是人不可缺少的食用品，盐还是化学工业的基本原料，所以，人们称盐是“化学工业之母”。

海水含盐的浓度究竟有多大呢？一般情况下海水中各种盐类的总含量为 30% ~35%。其中以食盐为主，到现在，人们已经采用科学的方法大量提取海盐。这些海盐供人们食用的只是很少的一部分，大部分还是作发展化学工业的原料。以食盐为原料，可以生产出许多不同用途的产品，把食盐溶液电解，就能得到烧碱、氯气和氢气等物质。把烧碱加入动植物油中，再放到锅里煮一下，就可以制出肥皂和甘油。植物纤维溶于烧碱后又可以生产出人造丝。氢气和氯气是制造盐酸的原料，将氢气在氯气中燃烧得到氯化氢，再将氯化氢溶于水中就是盐酸。盐酸的用途非常的大，合成橡胶、染料、制革、制药、化肥等的制造和生产，都需要大量使用盐酸。在有二氧化碳和氨气的条件下，食盐还可以转化为纯碱。纯碱的用途也很大。生产 1 吨钢，需要 10 至 15 千克纯碱；生产 1 吨铝，需要 0.5 吨纯碱；化肥、造纸、纺织等工业也都需要大量的碱。

海　盐

电解食盐还可以得到金属钠。金属钠质地柔软，在喷气式飞机和舰艇材料的制造上都要用到它。金属钠的过氧化物对解决高山和水下缺氧问题还有独特的作用。它能把人们呼出的二氧化碳吸收，同时又能放出人们需要的氧气。这就能解决深海潜水员、潜艇舱内人员的缺氧问题。潜水员在水下作业就不必带有“长气管的面具”，可以在水下进行较长时间的活动。由此可见，食盐在化学工业上是何等重要。

海水中含有大量的镁，它主要以氯化镁和硫酸镁的形式存在。大规模地从海水制取金属镁的工序并不复杂，将石灰乳加入海水，沉淀出氢氧化镁，注入盐酸，再转化成无水氯化镁，电解便可以得到金属镁。制造飞机和快艇的主要材料是铝镁合金。金属镁在这里起了重要作用。镁比铝还要轻，铝中“掺”上镁，就是制造飞机和快艇的既轻又坚固的材料。金属镁还可以做火箭的燃料。我们熟悉的信号弹、照明弹和燃烧弹，都要用到金属镁。近年来，金属镁在机械制造工业上，有代替钢、铝和锌等金属的趋势。有人说金属镁是金属中的“后起之秀”。这话不假，金属镁确实很有发展前途。

地球上除石油废水、井盐苦卤、地下温泉等有少量的溴外，99%以上的溴都在海里，可以说溴是一种纯海洋物质，故有“海洋元素”之称。海水中溴含量约为65毫克/升，总储量达100万亿吨。溴是一种重要的医用药品原料。大家熟悉的红药水，常用的青霉素、链霉素、普鲁卡因以及各种激素的生产都离不开溴。溴还有很多用处，用它制成的灭害药，可以消灭老鼠；杀虫剂，可以消灭害虫。在工业上它还可以用来精炼石油，制造染料。

海水中碘的含量为0.06毫克/升，海洋中碘总储量共有930亿吨左右。这要比陆地上的储量还多。碘是人体不可缺少的元素之一，如果缺少了它，人就会得一种“粗脖子”病。如果给病人适当服用含碘药剂，就可以防病。碘在尖端科学和军事工业生产上有重要用途。碘是火箭燃料的添加剂。在精制高纯度半导体材料锗、钛、硅时要用到碘。此外，碘在照相、橡胶、染料工业方面也都有着重要作用。

随着现代电力工业的发展，利用核反应堆发电需要铀，同样，制造原子弹等核武器都离不开铀。科学家们测算出海水里的铀储量为60亿吨，是陆地上储量的4000多倍。我国有着辽阔富饶的海域，充分利用这一条件，从海水中提取铀与重水，是进一步扩大核原料的来源，加快我国现代化建设步伐的有力保障。

海洋是一个天然的聚宝盆，只要我们保护它，合理地开发它，它就会给人类极丰厚的报答。

海底矿产

深海矿产大都是沉积在两三千米深的地方，在深海海底大多是一种红棕色的颗粒极细的软泥沉积。这些软泥沉积物一般都含有一些浮游生物残骸。这种有机体残余的含量如超过软泥的30%，就根据那种浮游生物的名称来命名，例如叫做抱球虫软泥、硅藻软泥等；如果有机体残余的含量小于30%的软泥就是所谓的红粘土了。

许多深海沉积物可以作为矿产利用，例如抱球虫软泥所含碳酸钙高达95%，是一种制造水泥的好原料。海洋底面积的50%都是这种软泥。所以，即使只用总量的10%来制造水泥，那么在平均厚度为100米的深海沉积中就可以开采出100万亿吨可用材料。

红粘土覆盖了1亿多平方千米的海底，这种粘土沉积速度很慢，每1000年约增长半厘米厚。它含有50%的硅、20%的氧化铝，此外还有氧化铁、碳酸钙、碳酸镁、锰、镍、钴、钒和铜等。铜虽然只占0.2%，但也比陆上火成岩中铜的含量高10倍。如果按红粘土100米厚计算，那么铜就可能有1万亿吨左右。

锰结核又叫锰矿瘤或锰团块，它是近年来才大量发现的著名的深海矿产。黄褐色的锰结核，外形像土豆，切开来看，一层层的又像葱头。这种结核体往往是以贝壳、珊瑚、鱼牙、鱼骨为核心，把其他物质聚集在周围。不过它的生产速度很缓慢，大约每1000年生长1毫米，有的甚至100万年才长4毫米。但锰结核是一种经济价值很高的矿产，它含锰、铁、镍、钴等20多种元素。科学家估计，它在太平洋的分布面积为1800万平方千米，含有炼锰钢用的锰4000亿吨，炼不锈钢用的镍164亿吨，炼超硬度钢的钴58亿吨，用途广泛的铜88亿吨。如果每年从太平洋提取100吨锰结核，便可提供给世界上需要的10%～12%的锰矿和12%～15%的钴矿。磷灰石结核像鱼子，也是一种沉积矿产。它大多蕴藏在大陆架的边缘及深海底，也是人类需要开采的一种矿产。磷灰石主要用来制造磷肥。另外，磷也广泛用来生产火柴、玻璃、食品、纺织、照明器材、医药等。磷在海底的储量约达100亿吨。

海底的沉积物中，还有许多更加富饶的元素，比如碘的含量就比海水中的含量大1000倍，铷的含量也比海水中的多，金属镭的含量比整个陆地的蕴藏量还要大。此外，海底还蕴藏着大量的煤、铁。海洋学家估计，世界各大洋底下的铁矿总蕴藏量可能达到3000亿吨左右，所含纯铁不少于600亿吨。近年来，人们还发现海底蕴藏着大量的铀矿。

1965年，美国海洋调查船“阿特兰蒂斯Ⅱ”号在红海进行海底调查时，发现在三个水深2000米以上的深渊里，水温高达60℃，盐度高达300‰。在深渊附近堆积着一种软软的、像泥一样的沉积物。他们取回这种沉积物，经化验分析后，使科学家兴奋不已：沉积物中竟含有大量的黄金、白银以及铜、铁等多种有用金属，科学家把这种沉积物叫做金属软泥。

1978年，科学家再一次在墨西哥近海海底发现多金属软泥时，人们明白在海底深处的金属软泥，是大自然赐给人类的真正“金银宝库”，于是，世界便掀起了一股寻找海底金矿的热潮。人们相继在太平洋、地中海、西印度洋等许多海域发现了多金属软泥。

为开采这些富有的矿产，人们设计了许多开采机械，靠近海岸的海砂或海泥用斗式装车机或海底挖泥船就可以采装；大陆架上的矿物用水中开土机或水泵船就可以挖掘。深海，由于远离陆地，水深而且压力大，黑暗而且温度低，开采海底矿产要比在近岸和大陆架困难得多。人类为了在深海里获得自由，不仅设计了各种深潜器材和照明、电视设备，而且还设计了各种深海打捞器材。拖曳打捞机是最简单的一种，它有一个特殊形状的筒，只要把它沉到海底，由一条船拖着

深海探测

在海底爬行，就可以打捞矿物。液压打捞机是比较复杂的打捞机械，它适用于大规模的海上作业。它主要包括：吸矿物用的电动机和唧筒，负担打捞机的浮筒，保持垂直和稳定的仪器，带有螺旋推进器的管道以及装有电视摄影机的吸头。人们不但利用导管唧筒的方法在 4 至 6 千米深的海底取得锰结核体，而且可以利用化学法开采深埋在海底的矿产。酸、碱可以溶解 50 多种金属矿物，只要我们在各种矿层中设法注入能溶解这种矿物的溶剂，使矿物溶解后，再用压缩空气设备，通过管道就可以把它压升到海面上来。

现在对深海矿产资源的开发，还有不少技术问题急需进一步解决。希望少年朋友们努力学习，在今后的科研工作中创造发明出更新的机械来开采各种丰富的矿产，满足我国现代化建设的需要。

地热资源

地热资源的分布

在一定地质条件下的“地热系统”和具有勘探开发价值的“地热田”都有它的发生、发展和衰亡过程，绝对不是只要往深处打钻，到处都可发现地热。作为地热资源的概念，它也和其他矿产资源一样，有数量和品位的问题。就全球来说，地热资源的分布是不平衡的。环球性的地热带主要有下列四个：

环太平洋地热带

它是世界最大的太平洋板块与美洲、欧亚、印度板块的碰撞边界。世界许多著名的地热田，如美国的盖瑟尔斯、长谷、罗斯福；墨西哥的塞罗、普列托；新西兰的怀腊开；中国台湾的马槽；日本的松川、大岳等均在这一带。

地中海—喜马拉雅地热带

它是欧亚板块与非洲板块和印度板块的碰撞边界。世界第一座地热发电站意大利的拉德瑞罗地热田就位于这个地热带中。中国的西藏羊八井及云南腾冲地热田也在这个地热带中。

大西洋中脊地热带

这是大西洋海洋板块开裂部位。冰岛的克拉弗拉、纳马菲亚尔和亚速尔群岛等一些地热田就位于这个地热带。

红海—亚丁湾—东非裂谷地热带

它包括吉布提、埃塞俄比亚、肯尼亚等国的地热田。除了在板块边界部位形成地壳高热流区而出现高温地热田外，在板块内部靠近板块边界部位，在一定地质条件下也可形成相对的高热流区。其热流值大于大陆平均热流值 1.46 热流单位，而达到 1.7～2.0 热流单位。如中国东部的胶东、辽东半岛，华北平原及东南沿海等地。

地热趣谈

冒烟的地热

在地球北极圈的边缘上，有一个总面积 13.1 万多平方千米，人口只有 20 多万的小岛国，叫冰岛共和国。初一听这个名字，一定以为这个国家是冰冷冰冷的。但这里实际上却是一个冬暖夏凉气候宜人的国度。尤其是首都雷克雅未克，7 月份的平均温度是 11℃，1 月份平均温度在零下 1℃，比同纬度的其他国家温暖得多。为何冰岛会如此温暖而又叫冰岛呢？首都又为何叫雷克雅未克呢？要知道，在冰岛语中，“雷克雅未克”的意思叫“冒烟的海湾”。这其中的奥秘可以说都和地热有关，都有一段有趣的来历。

公元前 4 世纪时，一个叫皮菲依的希腊地理学家曾到过冰岛这个未开垦的“处女岛”。当时他把这个小海岛叫做“雾岛”。由于这个海岛靠近北极圈，离欧洲大陆很远，交通不便，很少有人光顾。直到公元 864 年，斯堪的那维亚航海家弗洛克再次踏上这个海岛，该岛才逐渐引起欧洲人的注意。以后，爱尔兰人、苏格兰人陆续向这里移民。由于移民的船只驶近南部海岸时，首先看到的是一座巨大的冰川，即著名的瓦特纳冰川。这景致太令人神往和印象深刻了，于是，冰岛这个名字就由此诞生了，并一直保持至今。据冰岛人传说，给并不冷的冰岛取这个令人打冷颤的名字还有另一种“企图”，就是希望外人听到后能“闻而生畏”，不再向这里移民来瓜分这块地热宝地。

冰岛地热景象

西藏“神灯”

地热丰富的藏北平原，流传一个和地热有关的神话传说。说很久前有一只金凤凰因痛恨人间太黑暗，把一只眼珠献给了一个叫拉姆的姑娘，让她把眼珠高高挂起来照亮人间。藏民高兴地把金凤凰的眼珠称为“神灯”。谁知一位农奴主想夺走神灯，用毒箭射死了拉姆姑娘。在姑娘死去的地方，突然山崩地裂，出现了一个热水湖，把农奴主淹死在湖中。传说这个热水湖里的湖水，就是拉姆姑娘流出的眼泪。

羊八井热水湖

这当然是神话。但1977年在离西藏拉萨80千米处的羊八井热水湖旁，真的亮起了神灯。我国第一座利用地热发电的1000千瓦地热电站正式建成发电，1981年又建成一座6000千瓦的地热电站，不仅把热水湖区的大地照得通亮，还向拉萨输送了电力。羊八井的热水湖，有的温度超过当地的水沸点，可以煮熟鸡蛋，即使数九寒天，泉水仍然咕咕地翻滚不止。

地　热

地热能是指贮存在地球内部的可再生热能，一般集中分布在构造板块边缘一带，起源于地球的熔融岩浆和放射性物质的衰变。

地热资源按温度可分为高温、中温和低温三类。温度大于150℃的地热以蒸汽形式存在，叫高温地热；90℃～150℃的地热以水和蒸汽的混合物等形式存在，叫中温地热；温度大于25℃、小于90℃的地热以温水（25℃～40℃）、温热水（40℃～60℃）、热水（60℃～90℃）等形式存在，叫低温地热。